(Travail du laboratoire de M. le Dr Pierre MARIE)

ESSAI

SUR

L'HÉMIPLÉGIE DES VIEILLARDS

Les Lacunes de Désintégration cérébrale

AVEC 8 PLANCHES

PAR

Le Dr Jean FERRAND

DE L'UNIVERSITÉ DE PARIS
ANCIEN INTERNE DES HOPITAUX

LIBRAIRIE MÉDICALE ET SCIENTIFIQUE

JULES ROUSSET

PARIS. — 36, Rue Serpente. — PARIS

1902

ESSAI

SUR

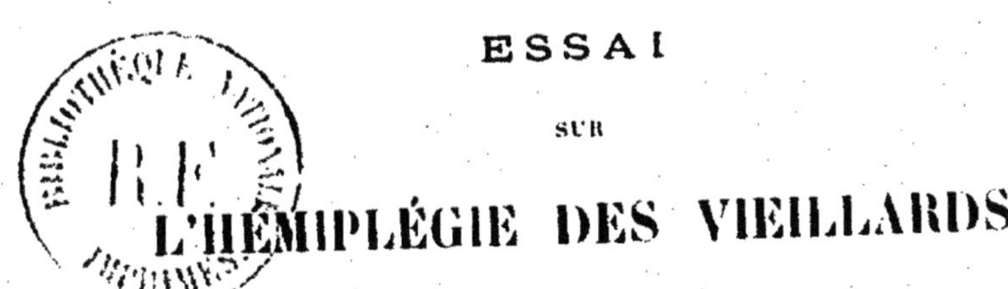

L'HÉMIPLÉGIE DES VIEILLARDS

PUBLICATIONS ANTÉRIEURES DU MÊME AUTEUR

Observation de reins polykystiques. — Bulletin de la Société médicale
des hôpitaux de Paris (9 juin 1898).

Corps étranger du rectum. — Société anatomique (1899).

Un cas de pancréatite hémorrhagique. — Bulletin de la Société médicale
des hôpitaux de Paris (18 novembre 1898).

Anévrysme disséquant de l'aorte thoracique. — Société anatomique
(1900).

Un cas d'hémianopsie. — Revue neurologique (mai 1900).

L'hémiathétose, Revue générale. — Gazette des hôpitaux (20 octobre
1980).

Arthropathies tabétiques multiples et fracture spontanée du bassin. —
XIII Congrès international de médecine. Paris, 2-9 août 1900.
Section de Neurologie. (En collaboration avec Léon Pécharmant.)

Deux cas d'hémianopsie avec atrophie des tubercules maxillaires. —
Revue neurologique (janvier 1901). (En collaboration avec M. Pierre
Marie.)

Deux autopsies d'acromégalie. Revue neurologique (mars 1901).

Syringomyélie avec thorax en bateau et troubles trophiques rappelant le
myxœdème. — Bulletin de la Société médicale des hôpitaux de
Paris (15 mars 1901). (En collaboration avec M. Paul Sainton.)

Adénolipomatose d'origine tuberculeuse à localisation exclusivement cervicale. — Bulletin de la Société médicale des hôpitaux de Paris
(11 juin 1901). (En collaboration avec M. Marcel Labbé).

Fracture du crâne et méningite cérébro-spinale. Contribution à l'étude
du liquide céphalo-rachidien hémorragique. — Gazette hebdoma-
daire de médecine et de chirurgie (5 décembre 1901). En collaboration avec M. Paul Sainton.)

Intoxication saturnine grave chez des ouvriers travaillant à la fabrication
des accumulateurs électriques. — Bulletin des la Société médicale
des hôpitaux de Paris (27 décembre 1901). (En collaboration avec
M. Marcel Labbé.

Les thrombo-phlébites des sinus de la dure-mère — In Manuel de médecine Debove-Achard, t. II. 2ᵉ édition.

ESSAI

SUR

L'HÉMIPLÉGIE DES VIEILLARDS

Les Lacunes de Désintégration cérébrale

AVEC 8 PLANCHES

PAR

Le Dr Jean FERRAND

DE L'UNIVERSITÉ DE PARIS
ANCIEN INTERNE DES HOPITAUX

LIBRAIRIE MÉDICALE ET SCIENTIFIQUE
JULES ROUSSET
PARIS. — 36, Rue Serpente. — PARIS

1902

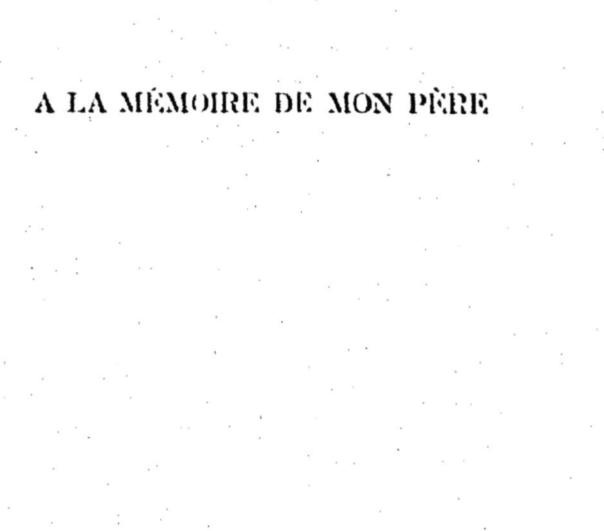

A LA MÉMOIRE DE MON PÈRE

AVANT-PROPOS

Lorsque nous faisions à l'Hôtel-Dieu notre première année d'internat, nous ne pouvions nous douter que celui qui avait été notre premier maître, serait sitôt enlevé à notre affection. Nous nous félicitons aujourd'hui d'avoir passé si près de lui une de nos meilleures années qui devait être pour lui presque la dernière, et d'avoir compris la manière dont il entendait la profession médicale.

Si ses conseils nous manquent aujourd'hui nous avons du moins le bonheur d'avoir ceux de maîtres qu'il nous avait choisis lui-même et qui ont reporté sur le fils l'amitié qu'ils ont eue pour le Père. Nous leur en témoignons ici toute notre reconnaissance.

Nous avons été l'externe de *M. le Professeur Berger* qui nous a appris les principes d'une chirurgie aussi prudente que charitable, nous le remercions bien sincèrement de cette première direction qu'il a donnée à nos études médicales.

Nous devons un pieux souvenir à la mémoire de notre regretté Maître *Potain*.

M. le Professeur Raymond nous accueillit à la Salpêtrière. C'est à ses leçons que nous avons pris le goût de la neurologie, nous lui sommes reconnaissant d'avoir ainsi orienté nos études médicales vers une voie que nous devions trouver à Bicêtre.

Nous avons eu l'honneur d'être pendant un an l'interne provisoire de *M. le docteur Lesage*: nous avons pu apprécier ses qualités de clinicien en même temps qu'il nous initiait aux études bactériologiques et à la pathologie des maladies infectieuses.

— 8 —

M. le Docteur Comby nous a enseigné la clinique infantile. Trop court à notre gré a été notre passage à l'hôpital des Enfants-Malades et nous aurions désiré suivre plus longtemps l'enseignement thérapeutique de ce maitre si dévoué. Nous n'oublierons jamais la bienveillante amitié dont il nous a donné tant de preuves pendant que nous étions atteint dans nos affections les plus chères.

Nous avons pu être à l'hôpital Saint-Louis l'élève de M. le *docteur Danlos*. La maladie nous a malheureusement empêché de profiter comme nous aurions voulu le faire de l'enseignement de ce maitre qui nous a témoigné tant de marques de sympathie.

C'est à Bicêtre dans le beau service de *M. le Professeur agrégé Pierre Marie* que nous avons passé la troisième année de notre internat. C'est là que nous avons commencé et achevé ce travail grâce aux conseils incessants de ce maitre qui est pour ses élèves un guide si savant, qui nous a associé à ses travaux dans la mesure de nos moyens et nous fait le grand honneur de nous traiter en ami.

Notre dernière année d'internat s'est écoulée dans le service de *M. le professeur Debove*. Nous savons tout le prix de l'accueil qu'il a bien voulu nous faire dans sa clinique de l'hôpital Beaujon et nous avons pu y apprécier le charme de ses causeries du matin.

Il nous fait aujourd'hui l'honneur d'accepter la présidence de cette thèse : notre ambition serait que sa critique si fine et si sévère y trouvât quelque intérêt.

Nous devons aussi un reconnaissant souvenir à nos maitres dans les hopitaux, à *MM. Chauffard, Polaillon, Gérard-Marchant, P. Tessier*, à *M. Beurnier* dont nous n'avons été que trop peu de temps l'élève et qui nous a récemment encore prodigué tant de marques d'amitié ; — à nos regrettés maitres Nicaise et Delpeuch.

M. Gombault nous a initié à l'anatomie pathologique et ne nous a jamais ménagé ses précieux conseils. Nous lui en témoignons toute notre reconnaissance.

Nous voulons enfin remercier ici nos deux amis les docteurs *Roglet* et *Chevrey* ; grâce à leur talent et à leur dévoué concours, nous avons pu mener à bien les clichés qui accompagnent ce travail.

I

INTRODUCTION

Il semble qu'il soit assez facile de se représenter ce que peut être anatomiquement une *lacune de désintégration cérébrale* : c'est évidemment une perte de substance qui détermine une cavité plus ou moins volumineuse dans le cerveau.

Les noyaux centraux en sont le siège le plus fréquent.

Quoiqu'il soit moins facile de se représenter le type clinique déterminé par cette lésion, il existe cependant et nous le connaissons tous sans le savoir.

Nous avons tous observé des vieillards qui marchent péniblement, qui se plaignent d'avoir été paralysés, mais qui ne le sont plus à proprement parler. Quand on parle d'eux dans le monde on dit couramment : « Un tel a eu une petite attaque : il parait qu'il a été paralysé, mais il va mieux. »

Toute notre clinique tient dans ces quelques mots. Le lacunaire en effet est un homme qui a eu une attaque. Cette attaque a guéri et on le rencontre marchant plus ou moins allègrement sans contracture et sans qu'on puisse affirmer qu'il ait été paralysé.

Il n'est pas cependant si bien guéri qu'il ne lui reste assez de signes pour reconnaitre son ancien ictus. Mais il pourra conserver quelque temps encore l'usage de ses facultés jusqu'à ce que de nouvelles attaques hâtent sa fin ou qu'il soit emporté par une infection ou un accident.

L'étude des lacunes de désintégration cérébrale ne pouvait se faire que dans un asile de vieillards. Aussi est-ce dans son merveilleux service de *Bicêtre* que *M. Pierre Marie* en a recueilli les premières observations, et est-ce là que nous avons pu poursuivre nos recherches personnelles, guidé par ses conseils.

Tout ce que nous nous proposons de rapporter résume donc un travail de plusieurs années accumulé dans le service de *M. Pierre Marie* et auquel nous nous sommes efforcé d'apporter un faible tribut surtout au point de vue histologique.

Les lacunes furent d'abord une trouvaille d'autopsie. Ce n'est qu'en enlevant systématiquement les cerveaux de tous les vieillards morts à Bicêtre et surtout ceux des hémiplégiques et des gâteux, en adoptant de plus une technique spéciale permettant d'avoir toujours des pièces admirablement conservées, que s'est faite l'étude des lacunes cérébrales.

L'examen attentif des observations permit de les rattacher dans le plus grand nombre des cas à l'hémiplégie et de dissocier un type parfaitement défini ayant son allure clinique particulière et sa caractéristique anatomique.

Grâce aux documents amoncelés, nous avons pu réunir 88 observations cliniques de lacunaires avec autopsie. Parmi ces observations il en est bien quelques-unes sur lesquelles les renseignements cliniques sont malheureusement beaucoup trop écourtés : mais la plupart relatent complètement l'histoire du malade depuis le moment où son passé nous intéresse, c'est-à-dire depuis son premier ictus apoplectiforme. Enfin, tous les cerveaux provenant des autopsies de ces malades ont été coupés, au moins dans leur partie intéressante, au niveau des lacunes.

Dans quelques cas même le bulbe et la moelle ont été coupés

aussi dans le but de suivre les dégénérations. Nous verrons le résultat de tout ce travail histologique.

Enfin nous avons fait suivre ces observations de quelques-unes appartenant à des malades encore vivants quand nous avons quitté *Bicêtre*, chez lesquels nous avons porté le diagnostic de lacunes et que nous avons longuement interrogés et examinés surtout au point de vue étiologique.

La photographie, soit des pièces macroscopiques, soit des coupes colorées et montées, nous a rendu de grands services : les épreuves que nous présentons dans ce travail ont été obtenues par nous-même soit par photographie directe, soit par photo-micrographie, toujours au moyen des ressources que nous avons trouvées dans le laboratoire de *Bicêtre*.

On peut être surpris au premier abord par le grand nombre d'observations que nous avons pu réunir sur la question, étant donnée surtout la courte période de temps pendant laquelle elles ont été réunies. Et de suite nous avons à répondre à une objection très légitime qui vient à l'esprit de tout le monde et qui est la suivante :

Comment avons-nous pu trouver tant d'hémiplégiques morts de lacunes, alors qu'il paraît invraisemblable que cette affection, si elle est aussi fréquente que nous l'affirmons, ait passé inaperçue même dans les services hospitaliers où les malades sont le mieux suivis et les autopsies faites avec le plus grand soin ?

Il nous semble que nous pouvons sans peine répondre à cette objection et nous avons pour la réfuter deux arguments principaux.

En premier lieu, dans les services hospitaliers, les hémiplégiques sont de suite relégués au rang de chroniques, c'est-à-dire qu'on ne les examine que rarement sans chercher la nature ou la cause de leur paralysie, et l'on fait les plus grands efforts pour les faire diriger le plus rapidement possible, sur les asiles de vieillards. Cette conduite est d'ailleurs parfaitement équitable et humanitaire, car ils occupent une place destinée à des malades aigus et il sont pour eux-mêmes beaucoup mieux dans les asiles où ils achèvent sans préoccupation leur existence d'infirmes.

C'est donc dans les asiles de vieillards et surtout à Bicêtre qu'on devait les trouver. Là, en effet, à côté d'une infirmerie destinée seulement aux affections aiguës, on dispose de vastes locaux dans lesquels on peut grouper tous les hémiplégiques qui y sont dirigés. Il n'y avait plus, pour ne pas laisser perdre les trésors accumulés dans cet asile de vieillards, qu'à prendre toutes les observations et à faire systématiquement toutes les autopsies.

C'est ce qui a été fait en grande partie et ce qui explique la grande quantité de cas de lacunes qui ont pu être réunis en si peu de temps dans un seul service alors que partout ailleurs on n'y prêtait pas assez d'attention.

Peut-être, en disant cela, sommes-nous un peu trop affirmatifs car certains auteurs paraissent en avoir eu connaissance, principalement il y a 25 à 30 ans, mais on n'en avait jamais tiré une entité clinique et anatomique, comme nous allons le voir en recherchant les travaux antérieurs.

II

HISTORIQUE

Durand-Fardel fut, croyons-nous, le premier qui employa
le terme de lacune dans son premier ouvrage sur les ramol·
lissements du cerveau — daté de 1843. Avant lui le ramol·
lissement étudié déjà par *Lallemand et Rostan* était considéré
comme une encéphalite et toute lésion cérébrale se traduisant
par une diminution dans la consistance du parenchyme était
dénommée ramollissement. Bien que peu après ces auteurs,
Bouillaud, *Andral*, etc., aient signalé l'importance des
lésions artérielles dans le ramollissement cérébral, c'est
encore comme une encéphalite que le considère *Durand-
Fardel* et parlant de lui, M. *Proust* a pu dire : « Malheu-
« reusement et malgré des preuves de toutes natures, cet
« auteur est resté attaché à la doctrine de l'inflammation. »

Malgré cela *Durand-Fardel* avait vu des lacunes dans
leur région de prédilection, dans les noyaux gris. Il les avait
considérées comme des foyers de congestion et en avait
rapproché l'état criblé que nous connaissons bien aussi et
dont nous montrerons ailleurs la différence avec les lacunes.

M. *Proust* dans sa thèse sur le ramollissement cérébral
qui marque une étape dans la doctrine artérielle du ramollissement consacre quelques lignes aux lacunes.

Après en avoir indiqué le siège et la coïncidence avec les
lésions artérielles : « Ce sont, dit-il, de petites cavités pisi-

« formes parfois anfractueuses et légèrement déchiquetées
« sur leurs bords et présentant ou non à leur intérieur une
« membrane celluleuse ou un liquide généralement incolore.
« Ces petites cavités qui ont reçu le nom de lacunes... sont
« parfois nombreuses et donnent au corps strié une apparence
« criblée qui les avait fait décrire par M. *Durand-Fardel*
« sous le nom d'état criblé.

« ... Il est probable que tantôt elles proviennent d'un petit
« foyer hémorragique ou d'un petit foyer de ramollisse-
« ment, tantôt comme le dit M. *Laborde*, elles seraient
« le résultat d'une désorganisation partielle et progres-
« sive. »

M. *Proust* a donc vu les lacunes, mais il les a signalées à côté du chapitre qui traite de la cicatrisation du ramollissement. On voit bien cependant qu'il ne leur accorde aucun rôle dans cette cicatrisation. Il les met un peu à part reconnaissant là quelque chose de particulier qui ne lui a pas paru devoir rentrer dans le cadre du ramollissement. Mais il n'en a pas remarqué la symptomatologie spéciale ni l'évolution particulière.

Pour M. *Laborde* qui étudiait le ramollissement vers la même époque (1866), elles sont le résultat d'une désorganisation partielle et progressive : Mais toutes les nécrobioses du tissu cérébral et même les autres en sont là. Cette qualification ne préjuge en rien ni de leur nature, ni de leur origine, ni de leur destinée.

M. *Hayem* qui vers la même époque aussi étudia les encéphalites (1868) ne parle pas des lacunes dans son encéphalite chronique et nous pouvons le regretter car c'est peut-être dans sa description de l'encéphalite sclérosique qu'on retrouve le mieux le type anatomique qui peut se rapprocher de nos lacunes. Nous reviendrons ultérieurement sur cette analogie,

Depuis la thèse de M. *Proust* il n'a plus été question des lacunes. En les isolant du ramollissement sans leur assigner une place ailleurs ou une place particulière suffisante il les a condamnées à disparaître des descriptions classiques. On ne voit pas qu'il en soit question dans les leçons de Charcot sur le ramollissement, ni sur l'hémorragie. Aussi les traités classiques actuels sont-ils muets sur ce sujet. Ramollissement est devenu synonyme d'oblitération artérielle et tout ce qui n'est pas causé par une obstruction complète des artères cérébrales a disparu des descriptions. L'encéphalite chronique elle-même n'est plus étudiée que chez les enfants.

Il semble donc qu'il y ait là un vaste champ ouvert pour réétudier ce qui était autrefois le ramollissement et l'encéphalite chronique. En débarrassant ce chapitre des oblitérations artérielles, il ne doit cependant pas avoir été épuisé. L'étude des lacunes devait venir à point pour combler ce vide.

Quoi qu'il en soit, les lacunes de désintégration cérébrale étaient une lésion peu connue, lorsque *M. Pierre Marie* les étudia.

C'est au Congrès de Médecine en 1900 qu'il fit à la section de neurologie une première communication sur ce sujet.

Il présenta surtout des projections de clichés photographiques et s'attacha à montrer qu'il y avait plusieurs sortes de pertes de substance cérébrale et qu'il fallait réserver le nom de lacunes au processus de désintégration plus ou moins miliaire de la matière cérébrale par opposition à l'état criblé du cerveau de *Durand-Fardel* et aux trous dits *en fromage de gruyère*, qui ne sont que des altérations cadavériques.

Cette conception fut accueillie par une vive discussion à laquelle prirent part *A. Pick*, *Von Monakow* et *M. le professeur Raymond*.

M. Raymond rappela qu'il avait signalé les lacunes (1)

(1) RAYMOND. — Sur quelques phénomènes paralytiques du vieillard. Revue de médecine, 1885.

antérieurement et constaté surtout leur existence chez les vieillards morts urémiques avec des phénomènes de paralysie. Toutefois, les paralysies ne paraissent pas à *M. Raymond* être en relation constante avec les lacunes. Aussi pensait-il qu'il était nécessaire, pour expliquer la présence des phénomènes paralytiques, de faire entrer en jeu un facteur nouveau, l'œdème cérébral. Quant aux lacunes, tout en coïncidant parfois avec les paralysies, elles n'en seraient pas la cause. Telle est l'opinion que *M. le professeur Raymond*, se rapportant à son article antérieur, a émis sur la question des lacunes au Congrès de neurologie de 1900.

Peu de temps après le Congrès de neurologie, paraissait un ouvrage qui n'a pas été fait pour étudier les lacunes en elles-mêmes, mais qui s'en occupe beaucoup. Nous voulons parler de la thèse de *Comte* sur les paralysies pseudo-bulbaires. A ce propos *Comte* a été obligé d'étudier ce qu'il nomme des « petits foyers » siégeant de préférence dans les noyaux centraux, et qui ne sont autres que nos lacunes.

Parmi les observations de *Comte* il y a des malades qui sont certainement des lacunaires, et dans la magnifique collection de dessins que reproduit sa thèse on trouve des « foyers » comme il les appelle, qui sont bien des lacunes.

Nous ne sommes pas étonné de voir que certains lacunaires ont pu être pris pour des pseudo-bulbaires. La ressemblance entre eux est parfois très grande comme nous le verrons en étudiant la symptomatologie de l'affection et le diagnostic entre les deux est souvent très délicat.

D'autant plus qu'il n'est pas absolument impossible que les lacunes placées de certaine façon donnent lieu au syndrome connu sous le nom de paralysie pseudo-bulbaire.

Le dernier article paru sur la question est la communication faite à la Société de Neurologie par *MM. Dupré* et *Devaux* (1). Les auteurs ont eu l'occasion de faire l'autopsie

(1) Dupré et Devaux. — Soc. de Neurologie, 4 juillet 1901.

PLANCHE III

DIVERS ASPECTS DE LACUNES DES NOYAUX CENTRAUX

(Photographie directe)

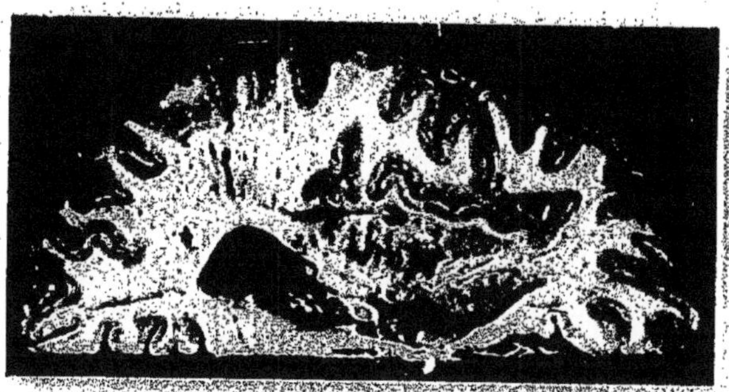

Fig. 5. — Deux lacunes, l'une dans la capsule interne, l'autre en dehors.

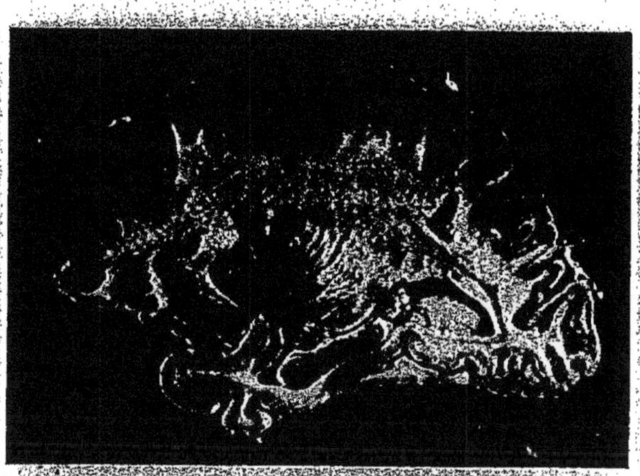

Fig. 6. — Grosse lacune unique atteignant la substance blanche
du centre ovale.

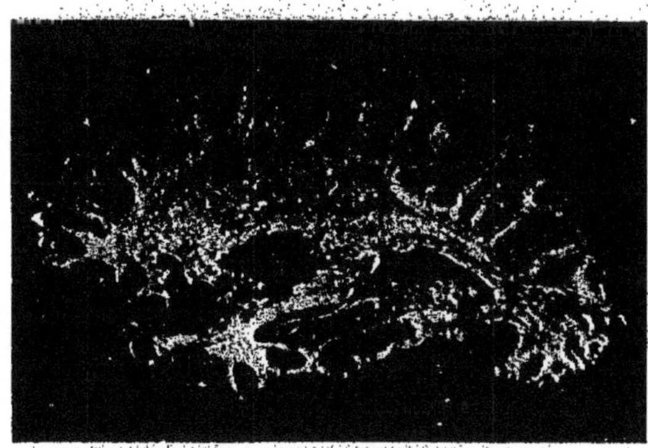

Fig. 7. — Lacunes conglomérées ayant détruit les noyaux centraux.

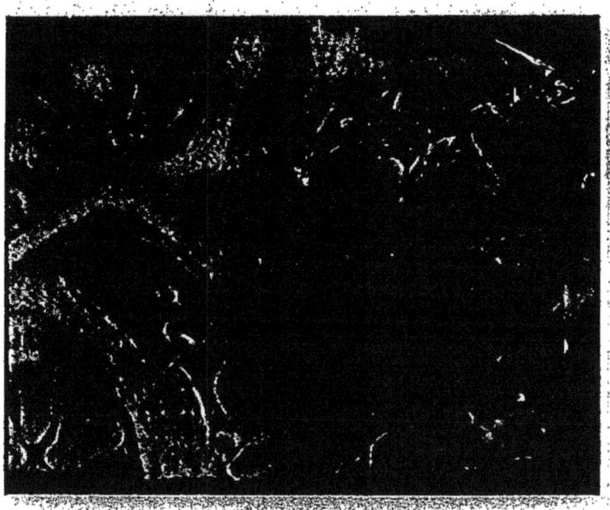

Fig. 8. — Lacunes multiples dans les noyaux centraux.
Coupe de Flechsig *(Photogr. directe).*

Fig. 9. — A, grosse lacune dans les noyaux gris, sa cavité est parcourue
par une artériole. — V, Dans le ventricule, très dilaté, kyste des plexus
choroïdes.

Coupe sagittale *(Photogr. directe).*

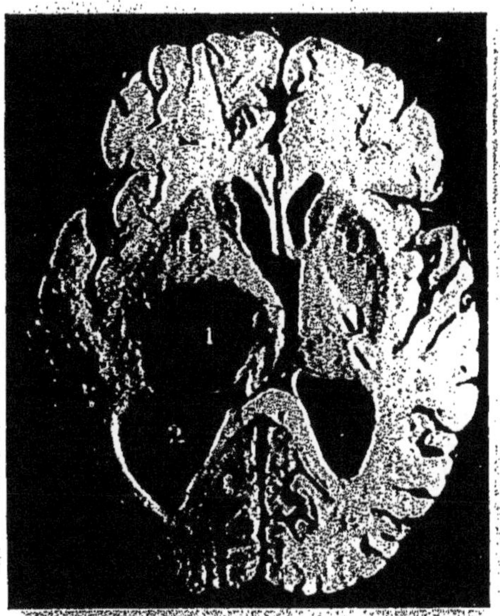

Fig. 10. — 1, Hémorragie cérébrale ayant détruit les noyaux centraux de l'hémisphère gauche ; 6, Plusieurs lacunes dans les noyaux centraux de l'hémisphère droit.

Coupe horizontale de l'encéphale (*Photogr. directe*).

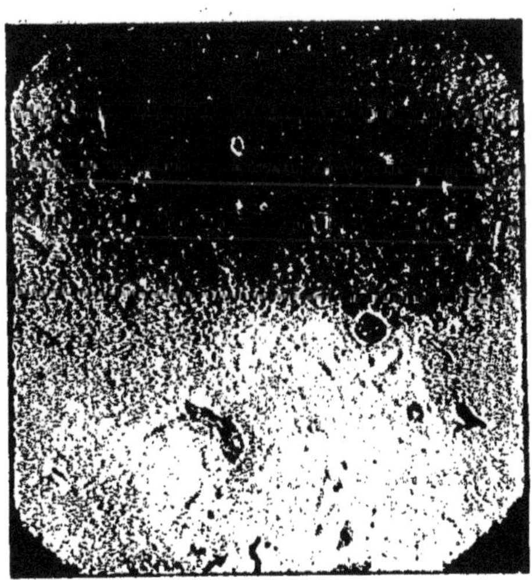

Fig. 11. — Corps granuleux indiquant la marche de la désintégration dans la paroi d'une lacune.

Coloration par la méthode de Marchi (*Photomicrographie*, Gross. : 100).

PLANCHE VI

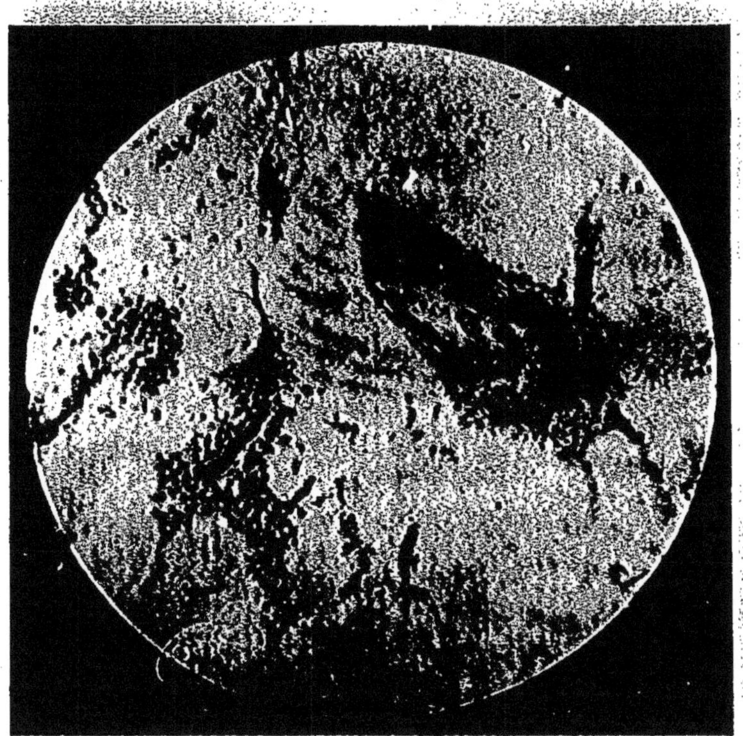

Fig. 12. — Cavité lacunaire. Une artériole volumineuse coupée perpendiculairement ; un capillaire environné de leucocytes granuleux ; perméabilité de ces conduits qui contiennent des globules sanguins (en noir).

Coloration par la méthode de Weigert *(Photomicrographie, Gr. == 200)*.

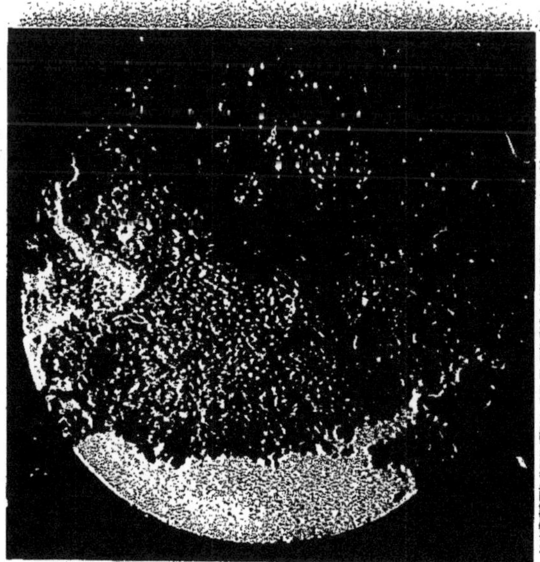

Fig. 13. — La trame névroglique qui forme la paroi d'une lacune ; au bord de la cavité de nombreux leucocytes ; dans la paroi, un vaisseau entouré d'un amas de cellules embryonnaires (en noir).

Coloration par l'hématoxyline-éosine *(Photomicrographie, Gross. == 100)*.

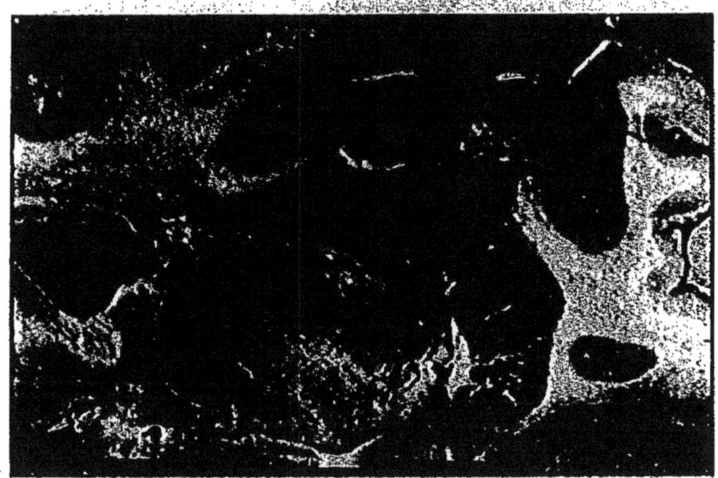

Fig. 14. — A, noyaux centraux, lacunes de désintégration ; B, état criblé
de Durand-Fardel dans les circonvolutions de l'insula.
Coupe de Flechsig (*Photogr. directe*).

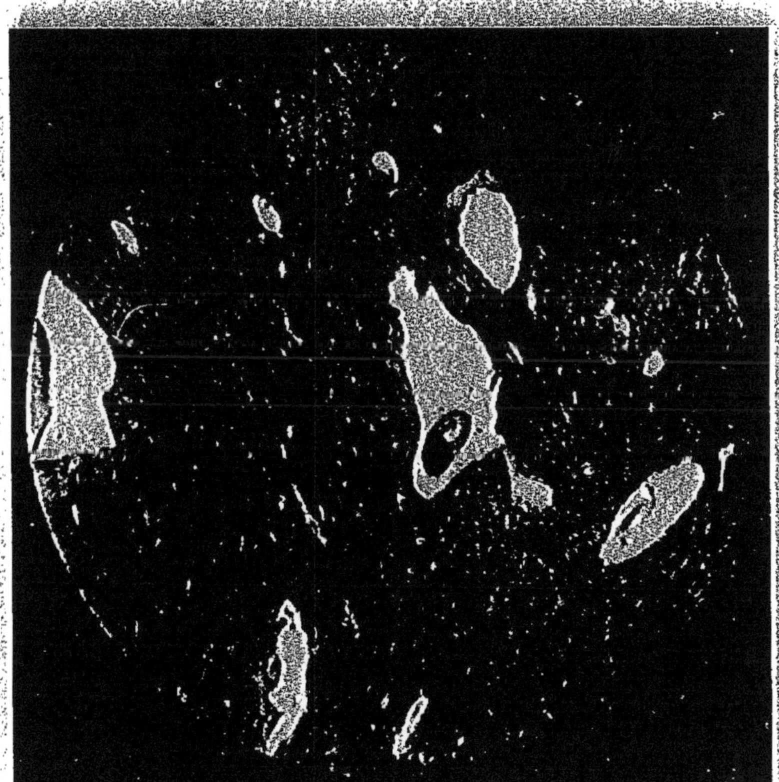

Fig. 15. — État criblé de Durand-Fardel. Aspect microscopique.
Coloration par la méthode de Weigert (*Photomicrographie, Gross. = 10*).

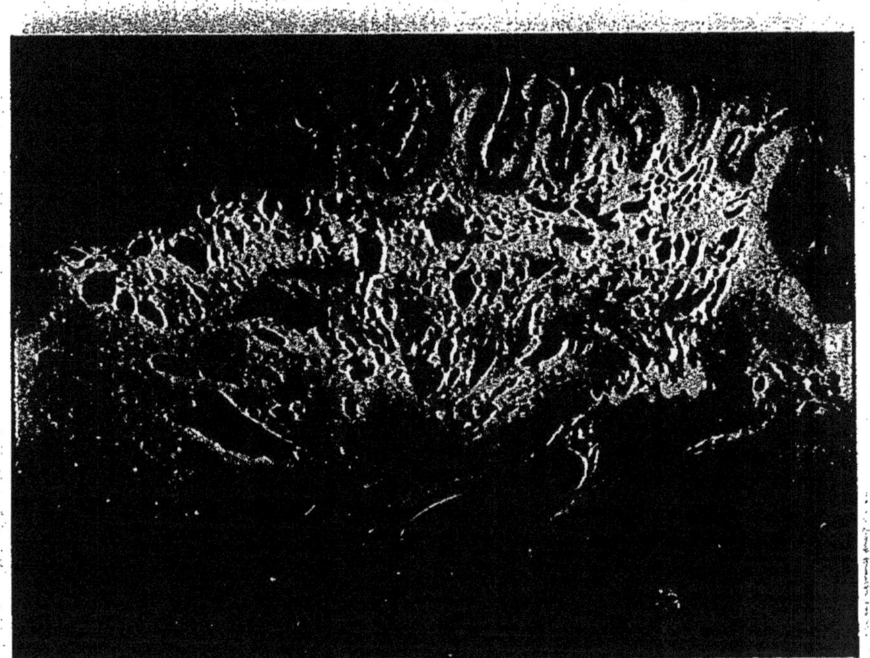

Fig. 16. — Porose cérébrale
Coupe sagittale *(Photogr. directe).*

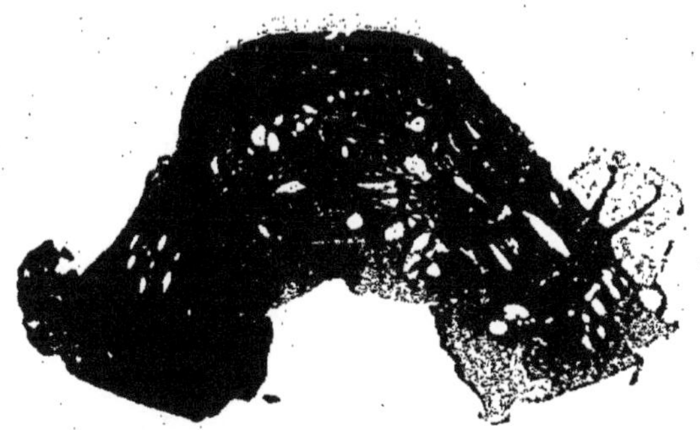

Fig. 17. — Porose de la protubérance.
(Photographie d'une coupe par projection. Gross. = 5).

d'un cas de lacune et après avoir coupé la pièce ils en étudient l'anatomie microscopique et en tirent des conclusions pathogéniques.

Nous ne discuterons pas ici leurs conclusions mais nous aurons occasion de le faire en exposant, nous aussi, le résultat de nos recherches histologiques.

Un peu avant ce travail avait paru, sur les états lacunaires du cerveau, la monographie de *M. Pierre Marie* (1) où il résume ses opinions sur la question.

Qu'il nous suffise de dire que cet article a servi de base à notre thèse, et que notre ambition est seulement de suivre la voie qu'il nous trace et de rester en conformité absolue d'idées avec notre Maitre, en reproduisant ce qu'il nous a appris à *Bicêtre*.

(1) PIERRE MARIE, — « Revue de Médecine », mai 1901.

III

ANATOMIE PATHOLOGIQUE

Quand on regarde un cerveau fraîchement extrait du crâne il n'est pas toujours facile d'y apercevoir les lacunes de désintégration qui s'y trouvent. Ce n'est pas une de ces lésions énormes qui ne peuvent échapper aux investigations les plus grossières et l'on s'explique très bien qu'elles passent encore inaperçues aujourd'hui.

Dans les services hospitaliers surtout où le vieil hémiplégique n'excite pas beaucoup l'intérêt des cliniciens pas plus que celui des anatomo-pathologistes, nous avons vu souvent des vieillards de 60 à 80 ans, ayant eu déjà un ou plusieurs ictus, ayant fait déjà un long séjour à l'hôpital, où ils se traînaient péniblement de salle en salle. On les considérait bien comme des hémiplégiques, vraisemblablement comme des ramollis. A dire vrai on était un peu surpris de voir qu'ils n'avaient pas de contracture, mais on en attendait l'apparition de jour en jour, et tout à coup ils mouraient, le plus souvent d'une infection intercurrente.

A l'autopsie on trouvait bien le foyer pneumonique qui les avait emportés, mais c'est en vain que l'on cherchait dans les cerveaux la lésion cause de leur hémiplégie ancienne. Pas plus sur des coupes frontales que sur des coupes sagittales on ne trouvait le foyer cherché qui aurait levé tous les doutes, et je me souviens avoir entendu un de mes maîtres qui, après avoir examiné les pièces d'un vieillard mort hémiplégique, après une longue période de gâtisme, n'avait trouvé aucun foyer, non seulement cérébral, mais même aucune lésion viscérale expliquant la mort, dire avec un sourire un peu sceptique : « Encore un qui est mort de chagrin ».

Technique. — C'est qu'en effet les lacunes miliaires sont les plus fréquentes. Or les autopsies ne sont faites que longtemps après la mort, 24 heures au moins. Au bout de ce temps tous les tissus et la substance cérébrale en particulier sont plus ou moins altérés.

Principalement dans les saisons chaudes nous avons observé par nous-même des cerveaux qui, 24 heures après la mort étaient altérés au point de rendre impossible tout examen et ceci concorde bien avec les expériences de *Sainton* qui a recherché la rapidité avec laquelle le tissu nerveux pourrissait, quoique *Maurice Faure* et *Laignel-Lavastine* pensent au contraire que l'on peut conserver plusieurs jours un cerveau dans un endroit humide.

Aussi pour éviter cette altération nous avons eu recours à une méthode que l'on emploie depuis longtemps déjà dans le service de *M. Pierre Marie* et qui consiste à injecter dans la cavité crânienne une certaine quantité de formol.

Le liquide conservateur se répand dans tous les espaces sous-dure-mériens et l'on retire ensuite le cerveau et la moelle aussi durs et frais que chez l'animal quand l'extraction a lieu aussitôt après la sacrification.

Cette technique préalable nous a permis d'examiner une grande quantité de pièces dont nous n'aurions pu sans elle tirer aucun parti. Nous n'avons cependant pas examiné nos cerveaux aussitôt après leur extraction. Nous les avons en général laissés durcir quelques jours dans un mélange liquide de Muller et de formol. Ce n'est qu'après avoir pris ces précautions que nous les avons ouverts sans décortiquer les méninges.

C'est à la *coupe de Flechsig* que nous avons donné la préférence et nous avons remarqué que c'est elle qui laisse le mieux apercevoir les lacunes.

Cependant nous n'avons pas négligé complètement les coupes dans les autres sens et nous avons fait un certain nombre de coupes frontales ou sagittales. Surtout après avoir trouvé des lacunes dans un hémisphère sur une coupe de Flechsig, nous avons pratiqué sur l'autre des coupes dans un autre sens car les lésions étant souvent bilatérales nous avions ainsi l'occasion de voir différents aspects.

Nous avons même fait quelques examens microscopiques de pièces coupées en sens frontal ou sagittal. Mais la plupart de nos examens ont porté sur des coupes de Flechsig, soit à leur lieu d'élection exact, soit un peu au-dessus ou un peu au-dessous, suivant que l'aspect microscopique des lésions nous guidait pour préparer nos fragments.

Quelques pièces ont été examinées sans chromage préalable, après simple fixation de quelques jours dans l'alcool, inclusion dans la celloïdine et coloration par l'hématoxyline-éosine. Ce procédé a l'avantage d'être très rapide et suffit pour se rendre compte des lésions artérielles lacunaires ou périlacunaires. Mais il est absolument insuffisant pour étudier la lacune en elle-même c'est-à-dire des lésions de désintégration du parenchyme cérébral lui-même.

Pour cela il faut recourir au chromage des pièces c'est-à-dire à la fixation par le liquide de Muller. Ce procédé a l'inconvénient d'être très long mais il est le seul qui permette d'examiner avec fruit le tissu nerveux. C'est à lui que nous nous sommes adressé le plus fréquemment bien qu'il faille attendre d'abord 3 mois au moins que les pièces soient suffisamment chromées.

De même nous avons toujours inclus nos pièces dans la

celloïdine qui est le meilleur procédé d'inclusion pour tout ce qui touche aux fibres nerveuses.

Après chromage un certain nombre de nos pièces ont été traitées par la *méthode de Marchi*. Elle nous a rendu de grands services et l'on peut dire que cette méthode osmio-chromique est un procédé de choix pour se rendre compte de l'ancienneté des lacunes. Elle montre nettement jusqu'où s'étend autour du foyer le processus de désintégration. Dans les lacunes récentes elle montre des amas et des trainées de corps granuleux et c'est elle qui nous a donné les plus belles préparations, celles qui montrent le mieux les conditions de production de la lacune elle-même et la marche de la lésion.

Malheureusement elle est difficile à bien réussir : il faut s'adresser à des pièces très fraiches ; elle exige une longue préparation et une assez grande quantité d'acide osmique. Les pièces doivent être coupées très minces et y séjourner trois semaines au moins. Enfin, pour qu'il y ait dans la pièce même des corps granuleux il faut que la lésion soit assez récente et cependant pas trop nouvelle.

En effet les corps granuleux ne commencent à être visibles que trois semaines environ après la production de la lésion, et deux mois après ils ont complètement disparu. Or, nous verrons que la lacune est une lésion qui guérit très souvent. On ne se trouve donc pas avoir fréquemment l'occasion d'étudier une lacune qui soit dans les délais voulus pour y déceler les corps granuleux.

Enfin les préparations les meilleures s'altèrent parfois très rapidement et quelques mois suffisent pour faire disparaître toutes les particularités intéressantes que présente la méthode osmio-chromique.

La photo-microscopie nous a heureusement permis d'en fixer quelques-unes par la plaque sensible et de les conserver ainsi. (Voir planche II).

Mais cette méthode ne permet pas de tout voir. Si elle montre bien la migration leucocytaire elle ne permet pas d'étudier la structure même du tissu cérébral. Aussi pour cela avons-nous suivi les techniques ordinaires préconisées pour l'étude du système nerveux. Nous avons fait un grand nombre de préparations par la méthode de *Weigert* et surtout des doubles colorations en recolorant au carmin ou à la cochenille des coupes traitées par la méthode de *Pal*. Nous avons également coloré des pièces chromées à l'hématoxyline éosine et à la thionine. Ces procédés nous ont permis de voir comment se comporte le tissu nerveux autour des lacunes et de nous rendre compte de l'état des fibres et des cellules nerveuses dans la lésion qui nous occupe.

Ces méthodes permettent également d'examiner les cellules et les fibres névrogliques bien que n'étant pas électives elles soient pour cela un peu insuffisantes. La fuchsine picriquée de *Van Gieson* est un peu meilleure pour l'étude de la névroglie et nous a donné de bons résultats. Mais elle ne peut évidemment se comparer aux méthodes électives de *Weigert*, de *Van Ermengen*, etc. Nous avons tenté d'employer ces méthodes pour compléter notre travail. Malheureusement nous sommes obligé d'avouer que nous n'avons jamais pu les utiliser. Leur complication en rend l'usage très difficile et quelques efforts que nous ayons faits nous n'avons jamais par ces procédés obtenu de préparations nettes sur lesquelles nous puissions voir mieux les éléments cellulaires que ne nous les montraient les méthodes plus simples et plus faciles à suivre.

Nos examens microscopiques ont porté sur les quatre-vingt-huit cerveaux se rapportant à nos observations : nous n'avons pas jugé utile de donner pour chacune une description détaillée des lésions, ce qui n'aurait été qu'une répétition un peu fastidieuse de celle que nous donnerons une fois pour toutes.

Nos observations microscopiques ont été faites sur la moitié au moins de ces cas. Souvent plusieurs lacunes du même cas ont été coupées séparément. Bien que nous n'ayons jamais fait de coupes à proprement parler en série nous avons toujours examiné différentes hauteurs dans une même pièce et chaque hauteur a fourni un certain nombre de coupes qui ont été diversement colorées.

Tout ce travail a été fait à Bicêtre dans le laboratoire de M. Pierre Marie et il en est résulté environ un millier de préparations sur l'examen desquelles nous croyons pouvoir édifier l'anatomie pathologique de la lacune et en tirer quelques conclusions sur son évolution anatomique.

Nous verrons d'abord dans un premier paragraphe tout ce que peut nous montrer l'étude de la lacune sans le secours du microscope ; en second lieu nous examinerons l'état de tout le système nerveux et des viscères chez les lacunaires ; l'histologie de la lacune fera la troisième partie de ce chapitre.

I. ANATOMIE MACROSCOPIQUE DES LACUNES

Siège. — Le siège le plus habituel des lacunes est dans les noyaux gris du cerveau. Quelle que soit la dimension de ces cavités, c'est là qu'on les rencontre de préférence. C'est dans la région interne et inférieure de l'hémisphère, à peu près à égale distance de son pôle antérieur et de son pôle postérieur que se trouve la masse des noyaux gris. Ils sont environnés de toutes parts, en avant, en dehors et en arrière par la substance blanche qui double les circonvolutions. De plus ils sont presque entièrement sous le ventricule latéral et en dehors de lui.

La connaissance de cette situation exacte des noyaux gris n'est pas indifférente, car elle règle leur vascularisation. Ils reçoivent en effet leurs vaisseaux artériels des gros troncs de la base du cerveau. L'artère cérébrale antérieure envoie les artères striées antérieures qui vont se perdre dans la tête du noyau caudé. La cérébrale moyenne ou sylvienne donne deux groupes artériels: les striées internes qui traversent le noyau lenticulaire, atteignent la capsule interne et se perdent dans le noyau caudé — et les striées externes elles-mêmes divisées en deux groupes. Le groupe antérieur ou lenticulo-strié traverse le segment antérieur de la capsule interne pour se terminer dans le noyau caudé : dans ce groupe se trouve la branche connue depuis Charcot sous le nom d'artère de l'hémorragie cérébrale.

Le groupe postérieur ou lenticulo-optique répond au segment postérieur de la capsule interne et se termine à la partie externe et antérieure de la couche optique.

Enfin l'artère cérébrale postérieure envoie à la couche optique plusieurs branches.

Les artères optiques inférieures ;

L'artère optique postérieure et interne ;

L'artère optique postérieure et externe.

De l'origine même de ces différents vaisseaux résulte un fait qui pour nous a une grande importance : c'est la verticalité de ces artères.

Elles naissent en effet à la base du cerveau et se dirigent verticalement pour atteindre les noyaux gris où elles se terminent sans s'anastomoser. Nous insisterons ailleurs sur leur caractère terminal. Mais nous voulons de suite constater leur direction constamment verticale parce qu'il nous semble que cette direction a une grande influence sur le siège des lacunes.

Comme nous le verrons ce sont les vaisseaux qui guident les lacunes : or il est probable qu'étant donnée la direction constante des vaisseaux les lacunes se font également dans une direction constante.

Et ceci nous explique pourquoi certaines coupes du cerveau bien mieux que d'autres nous permettent de les apercevoir.

Parmi ces coupes diverses que choisit à son gré l'anatomo-pathologiste qui explore le cerveau, il en est une qui est bien supérieure aux autres pour l'étude des lacunes : c'est la coupe horizontale, séparant l'hémisphère en deux portions, l'une supérieure, l'autre inférieure et faite comme la pratique M. Pierre Marie de dedans en dehors en passant juste au-dessous des deux extrémités du corps calleux presque parallèlement à la base du cerveau. Sur les deux faces de cette coupe nous avons en effet la masse des noyaux centraux dans leur partie la plus large. (Voir pl. I, III et IV)

Or, c'est là le lieu d'élection des lacunes. Quatre-vingt-dix-neuf fois sur cent nous les trouvons sur cette coupe.

Il est cependant quelquefois nécessaire de compléter l'examen en faisant d'autres coupes parallèles à cette première mais toujours à quelques millimètres à peine au-dessus ou au-dessous du point d'élection de la coupe de Flechsig orientée comme nous venons de le dire.

Lorsque nous sectionnons ainsi les noyaux gris environ à leur partie moyenne nous somm   endiculaires aux artères striées et optiques, perpendic   es par conséquent à l'axe des lacunes qui suivent ces vaisse x et nous les coupons dans leur plus grande largeur. Aussi les voyons-nous mieux.

Nous avons du reste vérifié le fait en faisant d'autres coupes particulièrement des coupes frontales d'avant en arrière et nous avons constaté que de cette manière on voyait beaucoup moins bien les lésions lacunaires. Il faut alors vraiment savoir qu'elles existent pour les découvrir, et vérification faite au microscope on retrouve des images tout à fait différentes et très peu visibles.

Est-ce pour cette raison que beaucoup d'auteurs faisant habituellement des coupes frontales n'ont pas aperçu les lacunes ? Nous ne sommes pas éloigné de le croire et ce fait que nous avons vérifié bien des fois tend à le prouver.

Quoi qu'il en soit il est certain que la coupe de Flechsig faite au lieu d'élection, ou celles qui lui sont parallèles, sectionnent les artères des noyaux centraux perpendiculairement à leur axe et que c'est la meilleure manière d'apercevoir les lacunes. C'est là qu'il faut les chercher quand on les soupçonne.

On les voit alors très bien occupant les noyaux centraux, c'est-à-dire les segments du noyau lenticulaire, la couche optique ou le noyau caudé. Elles se limitent parfois à un seul de ces noyaux mais d'autres fois s'étendent plus ou moins en largeur et coupent en totalité ou en partie la capsule interne.

Parmi, les noyaux gris les lacunes ont encore des préférences : elles affectionnent particulièrement le noyau lenticulaire. Sur nos 88 cas il y avait 64 fois une lésion de ce noyau. Trente-neuf fois la lésion était limitée à un seul hémisphère, mais dans 25 cas les deux noyaux lenticulaires étaient atteints à gauche et à droite.

De plus six fois les lacunes étaient tellement nombreuses et disséminées partout que l'on n'a pas désigné en particulier le siége de ces lacunes, mais il en existait certainement dans les points d'élection.

C'est la couche optique qui est ensuite préférée par les lacunes. 35 fois nous la trouvons atteinte et parmi ces cas 6 fois seulement la lésion était bilatérale.

Vient ensuite la capsule interne intéressée 25 fois et une fois seulement des deux côtés ensemble. Mais il faut ici remarquer que les lacunes prennent très rarement naissance dans la capsule interne même; si elle est aussi souvent intéressée c'est par les prolongements ou les extrémités d'une lacune qui a pris naissance dans le noyau lenticulaire, la couche optique ou le noyau caudé. Elle est alors atteinte par ses bords qui longent les noyaux gris. Quelques-unes de ses fibres sont dissociées ou écartées, d'autres sont coupées. Mais il est très rare que toute l'épaisseur de la capsule soit sectionnée. Cela se voit cependant, mais surtout dans les cas où la lésion est franchement hémorragique et a cessé anatomiquement d'être une lacune. (V. pl. III, fig. 5)

Il est très curieux de voir cette fréquence avec laquelle la capsule interne est frappée : il semblerait au premier abord qu'il dût en résulter une symptomatologie toute spéciale non seulement au moment de la production de la lacune, mais surtout pendant sa cicatrisation. Étant donnée, fonctionnellement parlant, l'importance de cette capsule par rapport au noyau lenticulaire, il paraîtrait rationnel que les lésions de l'une et de l'autre dussent se manifester d'une manière absolument différente et que les sujets dont la capsule interne est atteinte restent indéfiniment paralysés sinon contracturés.

Eh bien ! il n'en est rien, il nous a été impossible, dans l'examen des lacunaires vivants, de voir une différence symptomatique suivant le siège de leur lésion ; sauf peut-être dans certains cas lorsque la capsule interne est complètement sectionnée par un large foyer, alors y a-t-il persistance de la paralysie.

Donc, que la lacune siège dans le noyau lenticulaire, dans la couche optique ou dans la capsule interne, la réaction symptomatique est à peu près identique.

Il en sera encore de même quand les lacunes occuperont le noyau caudé. Nous avons trouvé ce dernier atteint seulement 18 fois. C'est donc lui qui, dans la masse des noyaux gris, est le plus souvent intact.

Les lacunes ne siègent d'ailleurs pas exclusivement dans les noyaux centraux des hémisphères. On peut en rencontrer dans la substance blanche environnante ; c'est là un fait presque exceptionnel étant donnée la fréquence des cas. Cependant nous avons constaté 14 fois des lacunes dans le centre ovale au-dessous des circonvolutions et plutôt dans la partie antérieure du cerveau, dans le lobe frontal. Enfin, trois fois, nous avons vu cette même lésion dans les fibres blanches qui constituent le corps calleux.

Par conséquent, on peut dire (voir pl. III, fig. 4) en demandant aux chiffres les conclusions qu'on peut en tirer, que sur 100 lésions lacunaires il y en a 87 dans les noyaux centraux et 13 seulement dans la substance blanche cérébrale.

Il existe encore un centre nerveux que paraissent affectionner les lacunes et qui est cependant assez éloigné des précédents : c'est la protubérance. On les y rencontre assez souvent puisque nous en avons relevé 24 cas. Rarement situées sur la ligne médiane, elles se trouvent ordinairement en plein faisceau moteur soit d'un côté, soit de l'autre. Plus on se rapproche de la partie inférieure de l'organe moins on les rencontre souvent.

Quoique parfois très volumineuses, et entrainant une perte de substance considérable dans cet organe, lieu de passage de fibres si importantes, elles ne donnent pas toujours lieu, pas plus que celles de la capsule interne, à une symptomatologie bien particulière. Peut-être cependant y a-t-il une relation quelconque entre l'état de gâtisme complet et les lacunes protubérantielles. Il nous a semblé que chez les vieillards morts après une longue période de gâtisme on trouvait plus fréquemment ces lésions. Mais nous manquons de statistiques à ce sujet et nous ne signalons la chose que comme une hypothèse qui demanderait une vérification plus scientifique.

Quoiqu'il en soit, les lacunes de la protubérance se voient dans un quart des cas environ.

En résumé et par ordre de fréquence, nous pouvons dire que le siège des lacunes est dans les noyaux gris du cerveau dans la protubérance et dans la substance blanche du centre ovale.

Jamais dans aucun cas nous n'en avons rencontré ailleurs, ni dans les circonvolutions de l'écorce, ni dans les pédoncules cérébraux ni dans le bulbe. Nous ne voulons pas nier qu'il ne puisse en exister dans ces régions mais jamais il ne nous a été donné d'en constater.

Nous avons résumé dans un tableau comparatif à la fois le nombre et le siège des lacunes par rapport l'un à l'autre.

SIÈGE ET NOMBRE DES LACUNES

Siège	Lésion unilatérale	Lésion bilatérale	Total	Lésion unique
Noyau lenticulaire...........	39	25	64	6
Couche optique.............	29	6	35	1
Noyau caudé..............	16	2	18	2
Capsule interne............	24	1	25	1
Protubérance	»	»	24	3
Centre ovale..............	»	»	14	»
Corps calleux	»	»	3	1
Totaux	108	34	183	14
Lésions multiples sans désignation spéciale...			6	
Total général.................			189	

Nombre. — Il est parfois impossible de compter les
lacunes tant elles sont nombreuses. Elles apparaissent alors
comme des points miliaires occupant une grande partie des
noyaux centraux et sont alors extrêmement petites. En ce
cas elles sont bilatérales occupant les mêmes régions
dans les deux hémisphères. Six fois il nous est arrivé de constater cet aspect et cette multiplicité des foyers : nous les
avons désignés sur notre tableau sous le nom de « lacunes
multiples ».

Mais le plus souvent il est possible de compter les foyers
sur le cerveau. Du reste il arrive que la lésion soit unique et
c'est là le meilleur sujet d'étude. 14 fois sur 88 nous n'avons
rencontré qu'une seule lésion. Elle siégeait encore le plus
souvent dans le noyau lenticulaire (3 fois) ensuite dans la
protubérance (3 fois). Ce chiffre de 14 cas présentant une
lésion unique est assez élevé puisqu'il représente plus de
16 % de la totalité de nos observations.

On peut constater plusieurs foyers soit sur le même hémisphère, soit partagés entre l'un et l'autre. En ce cas il arrive que les foyers sont tantôt groupés dans un seul noyau gris, tantôt disséminés dans plusieurs ou dans la protubérance. Aucune règle ne semble du reste présider à ces dispositions variables des lésions et l'on ne constate pas qu'une lésion située dans un noyau caudé par exemple soit une prédisposition à une autre semblable et symétrique. Cependant on observe souvent la présence dans un même noyau gris de 3 ou 4 foyers seulement qui sont groupés ensemble et sont évidemment de même provenance et de même date, ne constituant qu'un foyer à proprement parler. Aussi dans notre statistique n'avons-nous compté que pour une seule lacune les lésions de cette nature.

En comprenant ainsi sous une même notation les lacunes conglomérées dans un même noyau gris, si nous faisons le total de tous les foyers que nous avons observés nous arrivons au chiffre respectable de 189.

Si maintenant nous en retranchons les 14 cas dans lesquels il n'y avait qu'une seule lacune, il nous reste 175 lacunes observées soit une moyenne de 2, 3 par malade. Nous pouvons immédiatement en conclure que les lacunes ont une tendance à se multiplier chez le même malade et que le fait d'en posséder constitue une prédisposition à en ressentir de nouvelles atteintes.

Aspect macroscopique des lacunes. — Quand on retire du crâne le cerveau et qu'on pratique la coupe de Flechsig on aperçoit alors les lacunes. Elles se présentent à nous sous différents aspects qui ne dépendent du reste que de leur volume. (V. pl. I, III et IV)

La lacune la plus visible est celle dont le volume atteint les dimensions d'une petite lentille ; il faut qu'elle ait au moins celle d'un grain de chenevis pour ne pas être tout à fait miliaire, on en voit encore de plus volumineuses qui atteignent les proportions d'un pois ou même d'un haricot. On n'en voit guère de plus volumineuses : du reste elles ne détruisent jamais complètement le noyau gris dans lequel elles ont pris naissance, ce qui arriverait forcément si elles dépassaient les mesures dont nous venons de parler.

La lacune de volume moyen est de diamètres à peu près égaux dans les différents sens. Cependant sa forme n'a rien d'absolu. Elle est du reste toujours anfractueuse. Peut-être est-elle plus allongée verticalement dans le sens du vaisseau que transversalement ? Cela est parfois assez nettement visible.

En tout cas la forme n'a rien de général et ne rappelle en rien les dimensions d'une figure géométrique quelconque.

Les parois ne sont jamais lisses mais toujours déchiquetées et creusées de replis du reste parfois à peine accentués, mais suffisamment marqués pour être visibles. Parfois des prolongements inattendus se rencontrent sur les bords d'une cavité qui paraissait de forme à peu près régulière : tels sont par exemple ceux qui coupent en partie la capsule interne et font partie d'une lacune née dans un noyau gris.

Ce sont les parois de la lacune qui lui donnent sa coloration. Le plus souvent la teinte en est grisâtre tranchant un peu sur l'aspect blanc laiteux du cerveau. Cette teinte foncée est d'autant plus accentuée que la lacune est plus ancienne. Les éléments anatomiques dissociés et altérés se disposent le long des parois anfractueuses et contribuent à donner cette teinte grisâtre. Mais parfois quand il y a eu une notable quantité de sang panché, la lacune prend une coloration jaunâtre ocreuse absolument comme dans les anciens foyers hémorragiques. On y retrouve du reste les mêmes éléments et en particulier les dépôts d'hématoïdine, matière colorante qui donne à la cavité sa coloration jaunâtre.

Cette couleur indique toujours une lacune assez ancienne. Ainsi nous avons pu examiner des lacunes récentes dans lesquelles on découvrait à l'examen histologique une grande proportion d'hématies, comme s'il s'agissait d'une hémorragie miliaire : malgré cela la coloration en était toujours grisâtre au début. Ce n'est que tardivement que les dépôts d'hématoïdine se font sur les parois de la cavité.

Quant au contenu même de la lacune il est constitué par les éléments anatomiques du tissu nerveux : nous verrons plus tard dans quel état on les aperçoit. Mais à première vue la cavité parait remplie d'une substance plus ou moins louche, semi-fluide, n'adhérant pas aux parois. Ce liquide est certainement d'origine lymphatique, il n'est autre que celui qui circule dans les gaines périvasculaires entourant tous les vaisseaux des centres nerveux.

Mais les liquides fixateurs le chassent et le remplacent de sorte qu'il n'est pas possible de voir s'il contient des éléments en suspension, mais c'est probable.

Ce liquide est parfois remplacé par une sorte de magma jaunâtre qui comble la cavité dans tous ses replis. Cette pâte devient facilement pulvérulente et n'est autre que l'amoncellement de tous les fragments organiques détruits ou altérés par le processus lacunaire.

Enfin au milieu de tous ces éléments, formant le centre et l'axe de la cavité se trouve un vaisseau.

Ce vaisseau dont nous étudierons complétement la nature histologique est parfaitement visible à l'œil nu. Sectionné à peu près perpendiculairement à son axe on le voit sur chaque face de la coupe faisant saillie dans la cavité lacunaire ; quoiqu'en général de très petit volume il est cependant assez rigide pour ne pas s'affaisser après la coupe et il reste saillant dans l'axe de la lacune.

Ainsi donc la lacune de volume moyen nous montre une cavité anfractueuse contenant une substance variable, produit de la désintégration cérébrale et un vaisseau qui occupe le centre de la cavité et se dirige suivant son axe.

Mais la lacune n'a pas toujours ce volume. Elle est souvent beaucoup plus petite. Nous disons alors qu'elle est miliaire.

En ce cas elle est beaucoup moins visible à l'œil nu que lorsqu'elle atteint les dimensions que nous avons examinées précédemment. Cependant elle est encore assez reconnaissable: d'abord il est rare que la lacune miliaire soit isolée, elle est bien souvent multiple. On voit alors dans un noyau gris une foule de points noirâtres qui remplacent les vaisseaux que l'on y distingue à l'état normal.

A l'état normal, en effet, la coupe des noyaux centraux montre le tissu gris comme piqueté d'un nombre considérable de petits vaisseaux. Ces vaisseaux sont coupés perpendiculairement à leur axe et paraissent émerger directement du tissu nerveux sans qu'on distingue autour d'eux une cavité.

Dans le cas de lacune miliaire ces vaisseaux sont encore apparents mais autour d'eux le tissu cérébral paraît un peu affaissé et grisâtre laissant ainsi sur la surface même des noyaux gris une série de taches miliaires.

L'étude histologique nous montrera qu'au point de vue de la constitution il n'y a que peu de différence entre la lacune miliaire et la lacune lenticulaire. Celle-là est sans doute le premier degré de celle-ci, mais étant plus petite elle passe plus facilement inaperçue, quoique beaucoup plus fréquente.

D'autres aspects différents nous sont fournis par les lacunes anciennes.

La lacune tend en effet vers la guérison et sa cavité vers la cicatrisation. C'est pour cela qu'on voit parfois de fines brides fibreuses jetées comme des ponts sur les anfractuosités des parois. Ces brides se développent peu à peu ; les parois se sclérosent et il ne reste plus qu'un réseau de tissu fibreux, véritable cicatrice analogue en tous points à celles que l'on rencontre sur les différents viscères de l'économie.

Cependant la lacune ne tend pas toujours vers la sclérose et l'on rencontre de petites cavités bien rondes remplies de liquide assez clair et paraissant limitées par une membrane propre. Ce sont de véritables petits kystes ayant tout au plus la dimension d'un tout petit pois. Au milieu se trouve toujours le vaisseau qui traverse le kyste comme il traversait la lacune en suivant son plus grand diamètre.

Il nous serait impossible de dire quelles sont les causes qui font évoluer la lacune plutôt vers la sclérose ou plutôt vers la formation kystique. On peut seulement affirmer que cette dernière production est très rare tandis que l'organisation fibreuse constitue le mode de guérison le plus ordinaire des lacunes.

Nous ne voulons pas terminer ce qui a trait à l'aspect sous lequel se présentent les lacunes sans signaler une formation qui peut prêter à quelques erreurs de diagnostic. Nous voulons parler de la lacune linéaire. On trouve parfois au siège d'élection des lacunes, une sorte de cicatrice linéaire ayant à peine 1/2 centimètre d'étendue, de la couleur jaune ocreuse caractéristique des hémorrhagies anciennes, et dont les deux lèvres sont rapprochées au point de faire disparaître toute cavité et de ne former qu'une simple ligne colorée en plein tissu cérébral.

On sera assurément tenté de prendre cette lésion pour une hémorragie ancienne guérie. Et l'on n'aura pas tort. C'est évidemment un processus hémorragique qui a séparé les éléments nerveux sur un espace linéaire et limité, et s'est ensuite cicatrisé, mais c'est là une hémorragie miliaire produite dans une très petite lacune et tout dans ce cas se comporte comme dans le cas de lacune.

Cliniquement, la lésion s'est révélée de même par une hémiplégie incomplète et transitoire, la guérison en est survenue très rapidement et rien n'a pu faire supposer qu'il y avait une hémorragie cérébrale. Dirons-nous que anatomiquement il n'y a pas de différence non plus ? Il y en a cependant par la quantité relativement grande de sang épanché ; mais nous avons vu des lacunes rondes et de volume moyen prendre en guérissant la coloration de l'hématoïdine. Or, dans ces hémorragies limitées, il y a à peine une dissociation du tissu cérébral environnant, on constate encore la présence de vaisseaux. Bref ce sont des hémorragies, mais elles se comportent comme des lacunes. Et cela ne nous étonnera plus quand nous aurons étudié le mécanisme de production des lacunes, la grande part qu'y jouent les lésions artérielles et son rôle dans l'hémorragie cérébrale mortelle. On comprendra alors que nous revendiquions comme un processus lacunaire de désintégration ces petites hémorragies très limitées qui évoluent sans fracas et ne se distinguent pas cliniquement des lacunes.

Tels sont les différents aspects que prennent les lacunes et leurs caractères visibles facilement pour tout observateur : tantôt miliaires, tantôt de volume moyen, uniques ou multiples, siégeant dans les noyaux gris ou la protubérance.

Avant de décrire les caractères microscopiques de ces lésions, nous devons montrer dans quel état sont les organes des lacunaires et particulièrement leurs centres nerveux.

I. ÉTAT DES CENTRES NERVEUX ET DES ORGANES CHEZ LES LACUNAIRES

Le premier phénomène sur lequel est attirée l'attention quand on fait une autopsie de ce genre est *l'adhérence de la dure-mère* à la boîte crânienne. Cette adhérence est parfois telle qu'il devient très difficile d'arracher la calotte du crâne et qu'on est obligé pour y parvenir de sectionner la dure-mère aux ciseaux et d'en extraire une partie avec l'os lui-même. Il y a parfois soudure complète avec la méninge et le périoste endo-crânien et il est impossible de les séparer l'un de l'autre ; d'autres fois, on constate seulement des tractus fibreux qui les unissent l'un à l'autre, mais on trouve toujours les traces d'un processus inflammatoire qui atteint et réunit les deux tissus.

Cette adhérence est en général limitée à la partie convexe des hémisphères et c'est toujours aux abords de la ligne médiane qu'elle est le plus marquée. Sur les côtés et en arrière au niveau des fosses occipitales il est rare que la dure-mère soit plus adhérente aux os qu'elle ne l'est normalement.

Du reste, sur sa face interne, elle ne présente aucune trace d'inflammation. Le processus est resté absolument limité à la face externe tandis qu'à l'intérieur la surface est parfaitement lisse sans aucune adhérence à la pie-mère.

La pie-mère n'est pas non plus très adhérente au tissu cérébral, aux circonvolutions, ni dans la profondeur des sillons ; elle se décortique en général très facilement.

Mais elle présente un aspect assez particulier de couleur et d'épaisseur dans toute sa partie antérieure. Dans toute la région qui est située en avant de la scissure de Sylvius, dans la région Rolandique et même plus en avant vers le pôle frontal, la pie-mère est très épaissie. Le maximum de cet épaississement semble être au niveau du sillon de Rolando dans les zones motrices et il ne s'étend pas à la région inférieure du cerveau. Ce sont en somme les 2/3 antérieurs de la convexité qui sont atteints tantôt d'une façon bilatérale tantôt sur un seul hémisphère.

L'épaisseur de cette méninge la rend opalescente à tel point que l'on ne distingue plus les circonvolutions et les sillons qui sont au-dessous pas plus que les vaisseaux veineux qui sont dans son intérieur. Il nous est du reste impossible de dire pourquoi un processus inflammatoire semble s'être limité à cette région et avoir atteint la pie-mère seule, mais le fait est indéniable. Nous l'avons constaté dans la plupart de nos observations.

Au-dessous de ces lésions méningées, on trouve des circonvolutions cérébrales qui sont atrophiées. Le cerveau prend alors dans son ensemble un aspect très particulier. Amincies sur toutes leurs faces, les circonvolutions paraissent grêles et diminuées de volume. Au contraire, les sillons qui les séparent sont élargis et l'on aperçoit dans la profondeur des artères cérébrales qui en suivent les détours. Comme pour les lésions pie-mériennes, le maximum porte sur la région moyenne de la convexité des hémisphères et ce sont surtout les régions motrices au voisinage du sillon de Rolando qui sont atrophiées.

« Parfois cette atrophie est assez marquée sur certains
« points, notamment au voisinage du pied de la 3ᵉ frontale,
« pour déterminer un véritable *manque* qui se traduit par
« une dépression plus ou moins profonde au-dessous de la
« pie-mère..... Quelquefois, mais c'est là un fait assez peu
« fréquent (8 %), les cerveaux dans lesquels on trouve des
« lacunes offrent en un point de leur corticalité (pôle orbi-
« taire ou pôle temporal) uni ou bi-latéralement cette singu-
« lière lésion qui n'a guère été décrite et que je désignerai
« du nom d'état vermoulu, lésion qui consiste dans une
« destruction limitée de la substance grise corticale avec
« production d'alvéoles » (Pierre Marie).

En séparant l'un de l'autre, les deux hémisphères cérébraux, on constate souvent une atrophie du corps calleux et cette diminution de son volume n'est pas uniforme. Elle atteint tantôt sa partie moyenne, tantôt ses extrémités.

Toutes ces diverses lésions n'ont d'ailleurs rien qui soit absolument pathognomonique des lacunes de désintégration, tandis que l'aspect présenté par le cerveau sur une coupe de Flechsig est tout à fait caractéristique. Mais, nous dira-t-on, puisque c'est sur la coupe même de Flechsig que se rencontrent de préférence les lacunes, c'est évidemment en les voyant que l'on peut le mieux se rendre compte de leur présence.

Nous pouvons répondre à cela qu'il n'y a pas toujours des lacunes dans les deux hémisphères et quand, par exemple, on examine la coupe de Flechsig, de l'un des hémisphères, on peut à certains indices, même si l'on n'y voit pas trace de acune, penser qu'il y en aura dans l'autre hémisphère. On peut en effet présumer cette existence quand on trouve des noyaux gris *atrophiés*, c'est-à-dire très limités comme volume, faisant à peine saillie dans la cavité ventriculaire et laissant une grande place au tissu blanc qui les sépare des circonvolutions. Cette atrophie se rencontre chez beaucoup de vieillards, mais ce qu'on voit moins souvent dans les cerveaux et plus fréquemment chez les lacunaires, c'est la saillie des vaisseaux des noyaux gris. Tandis que sous la coupe le tissu cérébral semble s'affaisser, les artères au contraire, les striées, les optiques paraissent sortir de leurs gaines et dépasser la surface de la coupe.

Nous avons déjà vu que de la sorte les artères étaient sectionnées perpendiculairement à leur axe ; au moment où cette section se produit elles se redressent sur le plan de la coupe. Il y a une véritable érection de tous ces petits vaisseaux. Leurs parois sont épaissies, le tissu cérébral a l'air un peu dilaté autour d'eux. Cependant il n'y a pas là de lacunes. Toujours ils sont pleins de sang et on en voit s'écouler sous le couteau. Il en résulte que la surface cérébrale prend un aspect piqueté, rouge très manifeste. Nous verrons en étudiant le système artériel des lacunaires que ces petits vaisseaux ne sont pas indemnes mais qu'ils participent aux lésions scléreuses, qui sont le fait des lacunaires.

A côté des noyaux centraux, les ventricules sont toujours dilatés. Cet élargissement peut atteindre de grandes proportions au point de réduire presque à rien la substance blanche du centre ovale, qui se trouve au-dessous des circonvolutions ; malgré cette grande dilatation ventriculaire, il ne s'écoule de leur cavité que peu de liquide quand on les ouvre. Les cornes ventriculaires s'étendent très loin à la rencontre des pôles hémisphériques et le poids total du cerveau se trouve diminué par le fait même de l'agrandissement des ventricules.

La dilatation peut être telle que l'épendyme qui tapisse la cavité se trouve étiré pour en recouvrir les parois et pré-

sente en certaines places des rides comparées par M. Pierre
Marie à celles que l'on rencontre sur le palais des jeunes
chiens. Les anciens auteurs avaient remarqué cette altération chez certains vieillards mais ne pouvant la rapporter à sa
véritable cause, ils l'avaient désignée sous le nom d'hydrocé-
phalie sénile.

Ce terme fut conservé pendant toute la première moitié
du XIXe siècle quoiqu'il fût impropre et qu'il préjuge fausse-
ment du siège de la maladie.

Dans ces mêmes ventricules dilatés les plexus choroïdes
sont également très volumineux et prennent l'aspect de petites grappes de raisin. On dirait une succession de kystes réunis les uns aux autres par une portion de leur surface même
sans être pédiculés. Ils ne perdent cependant pas leur trans-
parence. (V. pl. IV, fig. 9.)

Tels sont les aspects que prennent les régions encéphaliques chez les lacunaires. « Quant à la moelle, elle n'est pas
« non plus toujours indemne ; du moins, dans certains cas,
« on y constate un certain état opalin de la pie-mère vis-à-
« vis des cordons postérieurs ; le plus souvent, le volume de
« la moelle est amoindri, sa forme un peu modifiée par suite
« de la saillie triangulaire des cordons postérieurs. Les vais-
« seaux sanguins médullaires ont souvent des parois épais-
« sies, les tractus conjonctifs qui les entourent ou les joignent
« le sont également et quelquefois on constate même un
« degré appréciable de sclérose diffuse dans les cordons pos-
« térieurs » (Pierre Marie) (1).

Dans quel état allons-nous trouver les divers faisceaux
blancs qui descendent du cerveau, s'entrecroisent dans le
bulbe et se continuent tout le long de la moelle? On sait que
l'on discute encore sur les rapports des noyaux centraux
avec ces faisceaux blancs et la corticalité.

Il n'était donc pas téméraire d'espérer que les lésions limi-

(1) PIERRE MARIE. — Loc. cit.

tées comme le sont les lacunes des noyaux gris donneraient des dégénérations descendantes également très limitées en surface, mais que l'on pourrait suivre facilement dans la hauteur du névraxe en employant les méthodes de Marchi ou de Weigert.

On aurait pu ainsi se rendre compte exactement des connexions des noyaux gris, soit entre eux, soit avec les fibres dégénérées, et peut-être ajouter une page à la liste déjà si longue, quoique si discutée, des localisations cérébrales.

Malheureusement il n'en a rien été et toutes nos espérances à ce sujet ont été vaines. La plupart des moelles de nos lacunaires ont été coupées à diverses hauteurs et examinées au laboratoire de Bicêtre. Nous ne dirons pas que ce que nous y avons vu renverse toutes les opinions classiques à ce sujet : ce serait aller un peu loin. Dans les dégénérescences principalement qui sont consécutives à une lacune sectionnant complètement la capsule interne ou le faisceau moteur dans la protubérance, nous avons bien constaté parfois l'atrophie du faisceau pyramidal croisé du côté opposé et celle du faisceau pyramidal direct du côté de la lacune. Mais c'est là un cas exceptionnel. Il nous a été impossible de dégager un résultat quelconque de tout ce qui est dégénérescence consécutive à autre chose qu'une lacune sectionnant la capsule interne dans sa totalité ou le faisceau moteur dans la protubérance.

Tout ce que nous avons constaté d'autre a paru tellement contradictoire qu'il est inutile de nous y arrêter longtemps. Dans certains cas, la capsule interne paraissait fortement touchée, sans toutefois être complètement coupée, et cependant nous n'avons pu constater aucune dégénérescence. Enfin, ce sont les lésions des noyaux gris qui ont tantôt déterminé des dégénérescences complètes du faisceau pyramidal, tantôt n'en ont entraîné aucune, et cela sans qu'il soit possible de se baser sur leur siège pour prévoir ou justifier la dégénérescence.

En conséquence, nous avouons qu'il a été impossible de profiter de l'examen de nos centres nerveux pour éclairer les connexions des noyaux gris (1).

Si l'étude des centres nerveux des lacunaires nous a fourni des renseignements précis et toujours identiques, il n'en a pas été de même de celle des viscères. Nous avons trouvé chez eux des viscères plus ou moins altérés, attestant un passé pathologique plus ou moins chargé, mais sans qu'il soit possible de rattacher les lésions qu'ils présentaient même indirectement à nos lacunes.

C'est ainsi qu'il nous est arrivé souvent d'enlever des foies ou des cœurs volumineux sans insuffisance valvulaire à proprement parler, mais de ces cœurs fatigués par une tension artérielle exagérée, qui s'hypertrophient puis se laissent distendre et présentent enfin les lésions de la myocardite chronique.

Tantôt, nous avons mis à jour de gros reins coïncidant avec une néphrite parenchymateuse, mais plus souvent de petits reins rouges et contractés, comme on en trouve chez les artério-scléreux.

C'est en effet aux artères de ces malades que nous avons vu les lésions les plus manifestes.

Parfois le système vasculaire tout entier était atteint depuis l'aorte jusqu'aux plus fins ramuscules artériels, mais nous avons remarqué que cela n'était pas le cas le plus fréquent chez les lacunaires. On sait aujourd'hui que l'artériosclérose n'est pas toujours généralisée et que, tantôt dans un organe, tantôt dans un autre, les tuniques artérielles peuvent être particulièrement atteintes de dégénérescence fibreuse.

Il nous est bien arrivé de trouver chez certains de nos malades des aortes athéromateuses aux parois plus ou moins

(1) Voir à ce sujet la thèse de Comte. sur les paralysies pseudo-bulbaires. Plus heureux que nous, il a cru pouvoir conclure et affirmer certaines relations du noyau lenticulaire.

calcifiées. Mais même dans ce cas, les autres vaisseaux de l'économie étaient souples, et, le plus souvent, l'aorte avait conservé ce caractère autant qu'une aorte de vieillard peut être souple. Les gros vaisseaux du cou l'étaient également. Or, il n'en est pas de même dans l'intérieur de la boîte crânienne ; toujours sans exception, nous avons trouvé les artères de la base du cerveau et les artères cérébrales elles-mêmes très athéromateuses.

En étudiant de près ces vaisseaux, nous leur avons découvert les lésions classiques de l'endo-périartérite, altération de la membrane limitante interne, prolifération considérable du tissu élastique aux dépens du tissu musculaire et infiltration embryonnaire intense. Par places, ces lésions de sclérose sont même très accentuées et beaucoup plus marquées qu'elles ne le sont sur les artérioles du tissu cérébral lui-même, comme nous le verrons en étudiant les vaisseaux des lacunes ; tandis que dans les artères de la base on constate des infiltrations calcaires des tuniques, jamais ces lésions irrémédiables ne se voient sur les artérioles cérébrales.

Telles sont donc les lésions que nous avons pu voir chez les porteurs de lacunes ; si curieuses qu'elles soient, elles n'ont rien d'absolument spécial au genre de maladie que nous étudions.

Il n'en est pas de même des altérations qui nous restent à voir et que va nous montrer l'étude de la lacune à l'aide du microscope.

III. — HISTOLOGIE DE LA LACUNE

De l'examen de toutes les pièces que nous avons pu faire, il nous a semblé que quels que soient son volume sa forme et sa situation, la lacune passait par deux phases anatomiques un peu différentes.

Dans la première, elle n'est pas constituée à proprement

parler, il y a seulement préparation de lacunes : c'est la lacune miliaire. Elle est caractérisée par ce fait qu'autour d'une artériole cérébrale le tissu est raréfié, mais il adhère au vaisseau sans qu'il y ait solution de continuité ou rupture d'éléments fibrillaires.

Dans la seconde, il y a au contraire formation d'une cavité entre le vaisseau central et le parenchyme cérébral : c'est une lacune vraie.

Ce degré d'altération étant le plus fréquent et le plus typique, nous l'étudierons beaucoup plus longuement.

Nous serons au contraire très bref sur l'altération primitive, ou 1ᵉʳ degré de la lacune et sur l'évolution ultérieure de la lacune et sa cicatrisation.

a) *1ᵉʳ degré de la lacune.* — La lacune miliaire est la plus fréquente peut-être, mais en raison de son exiguïté, elle passe souvent inaperçue, et comme il est rare de la connaître cliniquement, on ne peut la voir qu'en examinant des pièces sur lesquelles il y a plusieurs lacunes : on en voit parmi elles qui sont encore au premier degré d'altération.

Sur une préparation colorée à l'hématoxyline-éosine par exemple, l'attention est attirée par une zône plus claire dans laquelle le tissu semble raréfié, moins coloré et les rayons moins abondants. Au centre de cette zône se trouve un vaisseau de volume variable, assez souvent une artériole dont les tuniques sont reconnaissables. Elles sont de plus considérablement épaissies surtout la tunique externe ou adventice.

La gaine lymphatique est adhérente au vaisseau dont les parois sont de plus infiltrées d'une grande quantité de cellules embryonnaires. Malgré ces lésions, l'artère est toujours perméable. Autour d'elle, dans un rayon assez variable, le parenchyme cérébral parait raréfié, c'est-à-dire que les mailles névrogliques sont plus larges, qu'elles ne contiennent plus qu'un nombre insignifiant de fibres nerveuses et que les cellules névrogliques se colorent un peu moins bien.

Somme toute, il semble que la région subisse un ralentissement dans sa vitalité et une résorption dans le nombre de ses éléments, mais il n'y a pas encore de désintégration à proprement parler.

Il n'en est pas de même à la seconde période :

b) *2e degré de la lacune.* — Nous décrivons à la lacune de désintégration cérébrale un deuxième degré qui est caractérisé surtout par ce fait qu'il sera facile de distinguer au microscope un espace suffisamment étendu entre l'artère centrale de la lacune et le tissu cérébral même altéré qui le limite, espace dans lequel se voient les débris d'éléments nerveux et sanguins, et cela quelles que soient les dimensions totales du foyer.

Il n'y a plus ici comme dans le premier degré union de l'artère avec le tissu cérébral altéré. Cette union a été rompue, l'artère est séparée du tissu qui la soutenait, elle est seule avec ses tuniques et les hématies qu'elles contiennent au milieu de la cavité.

C'est là la véritable lacune : dans le premier degré, il n'y avait pas encore de cavité, seul le tissu cérébral était raréfié autour du vaisseau, mais on n'observait pas de solution de continuité. Dans le deuxième degré, au contraire, il y a une véritable cavité, un manque dans la substance cérébrale, lésion typique qui a donné son nom à l'affection : c'est une lacune. Il est probable que ce deuxième degré d'altération n'est pas nécessairement la suite du premier degré ; s'il lui succède quelquefois, il peut aussi se produire d'emblée, de même que le premier degré n'est pas irrémédiablement amené à passer au second et qu'il peut être lui-même le siège de complications graves.

Il existe encore un autre ordre de causes qui fait de ce second degré, la lacune typique, c'est que sans qu'elle soit peut-être la plus fréquente c'est celle qu'on a le plus souvent l'occasion d'étudier à l'état de lacune récente. Aussi avons-nous pu en observer un grand nombre d'exemples.

Quand on examine avec un faible grossissement une lacune de cette nature, dans le segment externe du noyau lenticulaire, par exemple, on voit très nettement qu'elle se compose de trois parties très différentes et qui méritent chacune une description particulière.

La première partie ou centre est occupée par l'artère, la deuxième ou périphérique est constituée par le tissu cérébral; et la troisième ou intermédiaire est un espace vide plus ou moins rempli d'éléments normaux ou pathologiques.

1° *Lésions du Vaisseau.* — Le vaisseau central est habituellement une artère de volume moyen. ce peut être une artériole, mais ses parois sont toujours très épaisses. Dans un cerveau normal, on peut distinguer aux artérioles les trois tuniques caractéristiques des artères à l'état de grande simplicité c'est-à-dire une tunique interne réduite à l'endothélium avec ou sans limitante interne, une tunique moyenne surtout composée de fibres musculaires lisses et de fibres conjonctives et enfin une tunique externe ou adventice, de tissu conjonctif représenté surtout par des cellules fusiformes et étoilées. Dans un cerveau de vieillard normal n'ayant ressenti les atteintes d'aucune maladie grave, on constate déjà des transformations qui tiennent uniquement à l'âge de l'artère.

Les modifications portent alors principalement sur la tunique moyenne dans laquelle l'élément musculaire tend de plus en plus à disparaître et à être remplacé par l'élément conjonctif, mais cette substitution se fait avec lenteur sans infiltration leucocytaire, sans phénomènes indiquant que les tuniques vasculaires ont été le siège d'une réaction inflammatoire quelconque.

Ce phénomène qui n'est du reste pas spécial aux artères cérébrales mais qui est commun à toutes les artères séniles, a

été bien étudié par Léger (1) et Boy-Tessier qui l'ont désigné sous le nom de xérose ou évolution conjonctive marquant
l'artère qui vieillit normalement. Ces auteurs, eux-mêmes,
mettent en garde contre la confusion qui peut se faire aisément entre cette artério-xérose d'une part et d'autre part
l'artério sclérose qui s'accompagne toujours d'endartérite ou
de périartérite ou même d'endo-périartérite tandis que la
première est une transformation de la tunique moyenne.

Par conséquent même à l'état normal, les artérioles qui
nous intéressent sont toujours un peu épaissies et cela aux
dépens de leur tunique moyenne devenue fibreuse.

Enfin disons pour compléter l'anatomie normale de ces
artérioles cérébrales, qu'elles sont entourées en dehors de
leur tunique externe par une gaine adventice qui est continue et ne présente aucune interruption. Cette gaine est exces-
sivement mince, composée de cellules très allongées dont le
noyau très distinct se colore très bien et prend lui aussi une
forme plate et allongée.

Les différents auteurs ne sont du reste pas d'accord sur la
constitution et la nature de cette gaine. Il semble cependant
(Poirier, Viault et Jolyet) qu'elle soit de nature lymphatique légèrement écartée du vaisseau et que son contenu com-
munique avec les espaces lymphatiques ou le liquide céphalo-
rachidien.

Considérée dans la lacune, l'artériole cérébrale semble être
altérée. Cependant avant d'étudier les lésions mêmes de ses
tuniques constitutives, il nous faut insister sur le fait de sa
perméabilité.

Toujours en effet, nous avons trouvé ce vaisseau perméable et rempli de globules sanguins, prenant normalement les
colorations habituelles des hématies. Quelle que soit l'altération des parois vasculaires, quelle que soit la hauteur à la-

____

(1) LEGER. — Contrib. à l'Étude des artères séniles normales, Th..
Montpellier, 1894-95.

quelle nous ayons porté nos coupes, soit en pleine lacune, soit sur ses confins supérieurs ou inférieurs, toujours le vaisseau nous est apparu en plein centre de la coupe rempli par des hématies normalement constituées.

C'est ici que l'on va certainement nous reprocher de n'avoir pas pratiqué de coupes rigoureusement en séries. Il est vrai que nous n'avons pas suivi cette méthode dans toute sa rigueur. Malgré cela nous ne pensons pas que les oblitérations auraient pu nous échapper d'une façon constante. Nous avons toujours, en effet, pratiqué pour une même lésion, des coupes à différentes hauteurs. Or, une oblitération artérielle suppose toujours un caillot, ce n'est pas une lésion qui n'occupe qu'une hauteur insignifiante. L'artériole qui est oblitérée, l'est sur une notable portion de sa longueur. Il serait donc bien étonnant, étant donné le grand nombre de pièces que nous avons coupées et les diverses hauteurs que nous avons examinées dans chacune, qu'il ne nous soit jamais arrivé de tomber sur une oblitération artérielle, lésion qui occupe toujours une certaine hauteur. (Voir pl. II.)

Nous n'insisterons pas ici sur l'importance de cette perméabilité vasculaire, mais on se rend immédiatement compte qu'il faut éliminer des causes des lacunes l'embolie, la thrombose avec oblitération et par conséquent, peut-être retirer la lacune du cadre des ramollissements. Nous discuterons ces hypothèses ailleurs.

Si le vaisseau est perméable, en revanche, les parois sont très altérées. Leur étude est assez facile, surtout sur les coupes qui ont été colorées à l'hématoxyline-éosine. Parfois le vaisseau se trouve coupé un peu obliquement, dans ce cas l'image est un peu plus confuse, mais quand il est coupé bien perpendiculairement à son axe, ce qui est le cas le plus fréquent, on a des images très nettes. Déjà la méthode de Marchi révèle la présence des corps granuleux dans l'épaisseur même de la paroi vasculaire. Sur une de nos photographies en particulier (voir pl. II) on voit très bien l'artère située presque au centre de la lacune. Ses parois sont considérablement épaissies au point de rendre la lumière vasculaire très petite. La tunique externe apparait bourrée de corps granuleux, très visibles individuellement : il faut donc qu'il y ait eu là un processus inflammatoire intense de périartérite : les leucocytes migrateurs déjà dans la paroi du vaisseau ont été suffisamment chargés de graisse pour fixer l'acide osmique et donner l'image de corps granuleux. Dans un cas de ce genre, en présence d'une réaction semblable, le processus de périartérite est bien évident.

Mais il n'est pas toujours aussi net que dans ce cas.

Malgré tout, les lésions de la tunique moyenne et de la tunique externe sont celles que l'on voit le mieux.

Les lésions de l'endartère ne sont jamais très visibles. Y a-t-il eu endartérite auparavant ? C'est possible, c'est même probable si l'on en croit M. Huchard. « ... Je persiste à « croire, dit-il, que la périartérite primitive considérée « comme cause de l'artério-sclérose est extrêmement rare, et « qu'il s'agit le plus souvent d'une périartérite secondaire, « c'est-à-dire consécutive à l'endartérite (1). »

Toujours est-il que pour ce qui est de nos artérioles cérébrales intra-lacunaires, nous n'y avons guère découvert de lésions d'endartérite. Il se peut qu'il en ait existé et qu'elles aient à peu près disparu laissant peu de traces au moment où il nous a été permis d'examiner l'artère, mais elles sont bien moins accentuées que les lésions des deux autres tuniques.

Il n'est ici question bien entendu que des artérioles intra-cérébrales, des petits troncs vasculaires que l'on rencontre dans les noyaux gris comme les branches des artères lenticulaires par exemple et non pas des volumineuses artères de la base du cerveau que nous avons examinées aussi et dont nous avons signalé antérieurement les diverses altérations.

(1) HUCHARD. — Traité clinique des maladies du cœur et des vaisseaux, page 111.

Les lésions de ces tuniques vasculaires ne sont pas toujours également réparties sur toute la circonférence de l'artère. Il en résulte qu'elle est souvent déformée. Elle n'est plus régulièrement circulaire comme nous le voyons à l'état normal mais présente des bosselures et des parties rétrécies comme si elle avait été plissée. Aussi, a-t-elle l'air d'être plus petite qu'elle ne l'était en réalité. Nous avons vu qu'à l'état normal, chez le vieillard, la tunique moyenne contenait une grande quantité de fibres conjonctives développées au détriment des fibres musculaires, elle arrive donc à prendre de plus en plus d'analogies avec la tunique adventice. Nous avons pu constater le fait presque toujours puisque nous ne nous sommes adressé qu'à des cerveaux de vieillards. Les deux tuniques sont donc très épaissies et remplies d'une grande quantité de cellules embryonnaires, leucocytes émigrés du torrent circulatoire. On remarque immédiatement leur abondance et bien qu'ils se colorent en bleu par l'hématoxyline comme les noyaux cellulaires des tuniques, on les distingue facilement. Ce sont des éléments en pleine activité. Aussi prennent-ils le bleu d'une manière intense : ils en sont presque noirs. De plus, ils sont beaucoup plus arrondis que les noyaux des cellules conjonctives. Ils se disposent aussi par amas.

Ils ne forment pas au vaisseau une couronne régulière mais sont parfois groupés tous du même côté, et peuvent être tellement nombreux qu'ils masquent le tissu conjonctivo-élastique coloré en rose par l'éosine.

Ce sont du reste les seules lésions que l'on observe dans les parois artérielles, on n'y voit jamais de dépôts, ni de formation de plaques calcaires, tout se borne à une artérite inflammatoire. Même dans les lacunes anciennes, nous n'avons pas observé d'autres lésions vasculaires que cette épaisseur des parois et leur infiltration par des cellules jeunes. Le seul fait un peu anormal est qu'elles paraissent s'accentuer à mesure que l'on gagne la périphérie du vaisseau tandis que l'endartère ne laisse pas apercevoir de grosse lésion.

La gaine lymphatique participe bien entendu aux altérations lacunaires. On la voit sous des aspects très différents. En tout cas, on ne l'observe jamais à sa place, c'est-à-dire entourant circulairement la tunique adventice. Il faut l'observer avec soin parce qu'en raison de sa délicatesse c'est une des membranes qui subissent le mieux l'effet des réactifs et elle peut, de ce fait, prendre des situations qui ne sont nullement en rapport avec son rôle pathologique, mais ne sont que des effets des techniques employées. Ainsi on la voit parfois adhérer par places à la paroi de la lacune, décrivant pour réunir ces points d'adhérence des courbes festonnées qui la font ressembler à un dessin régulier de dentelles. Il est bien évident que dans ces cas il s'agit d'une erreur de technique qu'il faut se garder d'interpréter en faveur d'une lésion.

Mais elle peut être rompue, disloquée et on en trouve alors des fragments partout ; dans la zone moyenne de la lacune, on la reconnaît facilement à son aspect de mince membrane hyaline présentant par places un noyau bleu saillant sur une de ses faces et allongé dans le sens de la membrane.

Entre ces deux aspects extrêmes, elle prend toutes les apparences : elle est assez souvent éloignée du vaisseau par l'émigration globulaire qui en sort. Si elle n'est pas rompue, elle est alors fortement distendue et traversée elle-même par les leucocytes.

Telles sont les lésions de la région centrale de la lacune : ce sont en somme celles d'une artériosclérose présentant certaines particularités à cause de l'âge avancé des malades et de la constitution anatomique un peu spéciale des artères cérébrales.

2° *Parois de la lacune.* — Les parois de la cavité lacunaire sont constituées par le tissu cérébral lui-même un peu modifié et altéré. En premier lieu, l'aspect n'en sera pas très différent suivant que la lésion occupe les noyaux gris ou qu'elle siège en pleine substance blanche ou dans la protubérance, ce seront toujours les mêmes lésions dissociant plus ou moins des faisceaux blancs de fibres et de cellules nerveuses.

Dans les noyaux gris normaux du cerveau comme partout dans la subtance nerveuse grise on constate la présence de volumineuses cellules nerveuses, peu nombreuses et qui se voient à un faible grossissement avec leur noyau et leurs divers prolongements parmi lesquels le plus important est le cylindre axe. Sur nos coupes, on voit seulement ces cellules chargées d'un pigment assez abondant ; leur noyau est relégué à un pôle du corps cellulaire dans lequel il prend plus ou moins la place du protoplasme ; c'est là un caractère de ces cellules chez le vieillard, il n'a donc rien d'anormal.

A côté de ces cellules sont de véritables fibres nerveuses et pour maintenir le tout les éléments névrogliques. Les petites cellules de la névroglie sont très nombreuses et se colorent assez facilement, leur petite dimension les fait bien distinguer des cellules nerveuses. Enfin le réseau de fibres névrogliques qui n'est peut-être pas assez bien coloré par les méthodes ordinaires pour l'étude de sa constitution intime, l'est cependant suffisamment pour que l'on puisse étudier sa topographie. Au milieu de tous ces éléments nerveux, des capillaires en nombre incommensurable décrivent des mailles serrées assurant une circulation abondante.

Tout autour des artérioles, le tissu paraît aussi dense qu'ailleurs et se colore de la même façon. Les artérioles ont du reste une paroi mince qui ne sépare que très peu le sang du tissu nerveux. (Voir pl. VI. fig. 13)

Autour d'une lacune ce tissu subit des modifications très importantes. Ce qui frappe au premier abord sur une coupe colorée à l'hématoxyline-éosine, c'est la raréfaction du tissu qui va en s'accentuant à mesure que l'on s'approche de la cavité lacunaire. On remarque que la coloration est beaucoup plus claire, les noyaux sont moins nombreux, les éléments semblent dissociés et écartés les uns des autres. Avant même de se rendre compte de la nature de la lésion et des éléments sur lesquels elle porte principalement, la simple différence de coloration montre une diminution du tissu, une véritable désintégration. Cela se voit encore mieux sur les coupes qui ont été traitées par la méthode de Marchi. (Voir pl. II et V, fig II)

Ici les éléments nerveux ne sont pas visibles, ils sont à peine estompés et la préparation est remplie de corps granuleux qui attaquent la paroi de la cavité lacunaire. Très nombreux au bord même, on les voit s'enfoncer dans la paroi, écartant les éléments nerveux qu'ils détruisent à mesure et montrant ainsi par leur abondance et leur répartition les parties sur lesquelles a le plus porté la désintégration. Ces corps granuleux sont des leucocytes chargés de la myéline des éléments nerveux : leur trajet indique la lésion dont la gravité est en raison de leur nombre. Ce sont les avant-coureurs de la destruction car ils absorbent les éléments altérés jusqu'au jour où ils sont eux-mêmes résorbés.

Ce jour ne tarde pas à arriver. Les corps granuleux qui ne sont en effet visibles que 15 jours ou 3 semaines après le début de la lacune disparaissent eux-mêmes rapidement. Ils ne contribuent pas à la cicatrisation. Ils sont facteurs de destruction et non pas de réparation.

Quand on examine des coupes qui n'ont pas subi la méthode osmio-chromique, mais qui sont colorées par les procédés ordinaires convenant le mieux au système nerveux, on distingue dans les parois de la cavité lacunaire trois zones concentriques disposées autour de la cavité et dans lesquelles les lésions vont en s'atténuant à mesure qu'on s'éloigne de la lacune.

La première zone et la plus atteinte est constituée par le bord même de la cavité. Ce bord est plus ou moins éloigné du vaisseau central suivant ses anfractuosités. Il est, en effet, d'une irrégularité remarquable et dessine une ligne festonnée montrant des sortes de lacunes secondaires microscopiques et remplies de détritus.

On y voit des extrémités de cylindre-axes dont les fragments sont tombés dans la cavité lacunaire des fibres névrogliques coupées brusquement dans leur trajet : le tout forme une sorte de chevelu qui flotte dans la lacune.

Souvent tout le long de ce bord, on voit une grande quantité de globules rouges reconnaissables à leur absence de noyau et à leur affinité pour l'éosine. Ils se disposent en amas mélangés de globules blancs et forment une sorte d'enduit le long de cette paroi qu'ils égalisent s'accumulant dans les anfractuosités.

Nous avons toujours observé cette inégalité des parois lacunaires et cela quelle que soit la dimension de la lacune. Du moment qu'il existe un espace vide entre le vaisseau central et les parois de tissu cérébral, ces parois sont toujours anfractueuses. C'est cet espace vide dans lequel s'avancent les inégalités de la paroi qui caractérise ce que nous avons désigné par le terme de lacune du deuxième degré.

MM. Dupré et Devaux (1) ont émis un avis un peu différent du nôtre. Ils ont étudié les lacunes et les ont séparées en g. andes et petites cavités. Ils ont subdivisé l'étude de ces dernières encore en trois groupes; mais ce qui fait la caractéristique de ces groupes de petites cavités, c'est qu'elles sont toujours parfaitement régulières et que l'espace vide situé entre le vaisseau et le tissu cérébral ne contient pas d'éléments. « Les dimensions de cet espace, disent les auteurs,
« sont plus ou moins larges, mais il est un fait constant sur
« lequel nous insistons, c'est que la cavité qu'elle soit grande
« ou petite a toujours des contours nets, réguliers, arrondis,
« non déchiquetés, dépourvus des amas d'éléments dispara-
« tes qui accidentent la bordure des grands foyers. »

Nous n'avons jamais observé d'images semblables à celles décrites par les auteurs et reproduites dans le compte-rendu de leur communication. Nous connaissons cependant des

<hr>

(1) Dupré et Devaux. — Foyers lacunaires de désintégration cérébrale, Soc. de Neurologie, 4 juillet 1901.

figures un peu analogues. Dans certaines coupes de tissu cérébral normal nous avons observé des vaisseaux aux parois minces se rétractant dans le centre de leur cavité naturelle sous l'influence sans doute de réactifs fixateurs et laissant ainsi entre eux et le parenchyme cérébral un espace clair limité par des parois nettes et non déchiquetées.

Mais c'est là un simple artifice de préparation qui n'a rien de commun avec la lacune de désintégration.

Nous avons toujours vu celle-ci caractérisée par la désinté-gration même du tissu cérébral. Dans une première période, le tissu se désagrège, mais n'est pas encore séparé de son vaisseau, tandis qu'au deuxième degré, la séparation s'est effectuée et elle s'est faite au prix de la rupture des éléments nerveux suivie de l'émigration des éléments sanguins.

Quel que soit le volume de la lacune, qu'elle soit miliaire ou lenticulaire, le résultat semble le même et toujours nous avons pu constater l'inégalité des parois lacunaires. Mais il y a plus : ces auteurs ont décrit une membrane qui limiterait la cavité du côté du tissu cérébral. « On distingue, limitant « celle-ci (la cavité), une mince pellicule, sorte de fine mem- « brane continue dans laquelle on ne peut déceler aucun « débris rappelant le cylindro-axe, la myéline ou la névro- « glie. »

Nous sommes obligé d'avouer que nous n'avons jamais vu la mince pellicule dont parlent MM. Dupré et Devaux. Mal-gré toutes nos recherches à ce sujet, nous ne l'avons pas ren-contrée. Malheureusement les auteurs ne s'expliquent pas sur la nature de cette membrane et n'émettent même aucune hypothèse sur son mode de formation.

Pour nous, nous ne pouvons nous expliquer la présence d'une membrane de ce genre que dans de très vieilles lacunes devenues kystiques. Alors les bords de la cavité sont limités par une membrane régulière qui n'est autre que la paroi du kyste, mais le fait est rare. Les lacunes kystiques ne se ren-contrent pas souvent, et jamais dans une lacune ordinaire et récente, il ne nous a été permis de voir une image semblable.

Immédiatement en arrière des bords de la lacune, le tissu cérébral est encore très altéré. Ce sont surtout les éléments nobles qui en ont disparu. Sur les coupes, on voit un grand nombre de mailles plus ou moins larges formées par des fibres de névroglie laissant entre elles de petits espaces vides. Ils étaient normalement comblés par les fibres nerveuses, celles-ci ont en grande partie disparu, il ne reste que la trame névroglique qui les soutenait. Par-ci, par-là, en trouve-t-on encore une qui a subsisté.

Les cellules nerveuses manquent complètement dans cette région : on ne les voit pas du reste dans toute la zone altérée : c'est l'élément le plus sensible et qui disparaît le plus complètement. on ne les retrouve que tout à fait à la périphérie quand le tissu redevient absolument normal.

Du reste, dans cette région où les cellules nerveuses manquent complètement, les rares fibres elles-mêmes qui y subsistent sont très altérées, elles perdent leur myéline qui est absorbée par les leucocytes et que nous retrouvons ainsi sous forme de corps granuleux. Elles ne sont plus colorées en bleu par la méthode de Weigert, souvent elles sont rompues en plusieurs places et il est impossible de les suivre longtemps.

La névroglie souffre moins que le tissu noble. Les fibres nettement teintées par la coloration fondamentale dessinent le réseau de mailles plus ou moins larges dans lesquelles sont encore quelques fragments d'éléments nerveux. Les cellules ne disparaissent pas complètement. Quoique beaucoup moins nombreuses, on peut encore en colorer quelques-unes mais elles prennent mal les couleurs ; leur noyau a souvent totalement disparu et il ne reste plus à leur place qu'un faible amas de protoplasma que les colorations énergiques arrivent à peine à teinter et à rendre évident.

Un contraste frappant existe entre ces éléments en voie de

régression qui sont de moins en moins visibles et l'abondante infiltration embryonnaire formée de noyaux de cellules jeunes et fortement colorées qui envahissent ce tissu; on voit aussi parfois une notable quantité d'hématies attestant par leur présence l'importance hémorragique de ce processus de désintégration.

Les vaisseaux sont également nombreux et très altérés dans cette paroi lacunaire. On en voit tout autour de la cavité un grand nombre sectionnés plus ou moins perpendiculairement à leur axe. Ils présentent à un moindre degré les lésions que nous avons décrites à l'artériole centrale de la lacune, c'est-à-dire que leur paroi est très épaisse et bourrée d'éléments embryonnaires nombreux formant par places comme des paquets autour des vaisseaux d'où ils se disséminent dans le tissu environnant. On voit bien à cette répartition que les vaisseaux sont le centre d'action néfaste qui répand ses effets au loin dans l'épaisseur du parenchyme.

C'est un peu schématiquement que nous avons distingué trois zones dans le tissu cérébral périlacunaire. Nous avons vu dans quel état se trouvaient la paroi puis le tissu immédiatement en rapport avec cette paroi. Il n'y a pas de démarcation absolument nette entre cette seconde zone et la troisième.

Si nous regardons en effet une préparation lacunaire du centre à la périphérie, nous voyons que les altérations de la seconde zone, après avoir occupé une surface variable qui n'est du reste pas régulièrement circulaire autour de la cavité, disparaissent peu à peu; à mesure qu'on s'éloigne du centre, le tissu reprend son caractère normal.

Les mailles de la névroglie se resserrent et se comblent de fibres nerveuses intactes. Les cellules névrogliques deviennent plus apparentes, se colorent mieux, leur noyau est plus visible et si l'on continue à s'éloigner, on arrive insensiblement dans une région qui ne paraît pas altérée. Les cellules nerveuses elles-mêmes font leur réapparition. C'est là un

critérium qui nous permet de dire que nous sommes hors de
la zône de désintégration. Seuls les vaisseaux conservent
leurs parois épaisses et infiltrées, caractère général que l'on
retrouve dans tout l'organe chez le même sujet.

C'est donc insensiblement que nous sommes sortis de la
lacune en étudiant ses parois. Nous n'ajouterons qu'un mot
sur elles. C'est que ces lésions sont invariables dans leurs
caractères, mais elles changent dans leur étendue. Tantôt la
lacune est limitée par une zone de désintégration très large,
tantôt très étroite et même on peut rencontrer cette destruction sur une large étendue d'un côté de la lacune tandis
qu'en face ou à côté, les bords de cette même lacune seront à
peine endommagés. La désintégration ne s'est produite que
d'un côté tandis qu'elle a respecté les autres. Nous serions
bien embarrassé de donner de ce fait une explication caté-
gorique. Il est probable cependant, comme nous le verrons
plus tard, que cette direction dans la désintégration est sous
la dépendance de la vascularisation.

3) *Contenu de la lacune.* — Il nous reste à voir ce qu'il y
a dans la lacune entre le vaisseau qui en forme le centre et
le tissu cérébral qui en constitue les parois. Comme on peut
s'y attendre, on y trouve deux sortes d'éléments, les uns
venant du parenchyme cérébral, les autres émigrés du vaisseau. Tous sont parsemés dans une cavité plus ou moins
grande mais qui n'est jamais comblée par les débris qu'elle
contient. (V. pl. II et VI, fig. 12)

Souvent ceux-ci sont accumulés pêle-mêle dans un angle
de la lacune, tassés les uns contre les autres, sans ordre,
et difficilement reconnaissables, laissant ainsi complètement
libre le reste de la cavité qui semble sous l'objectif un
grand espace vide.

Toujours les débris sont plus serrés vers les parois lacunaires qu'autour du vaisseau.

Ce sont d'abord des fibres nerveuses tantôt complètement

dépouillées de leur myéline, tantôt en ayant conservé encore quelques fragments. Elles sont déchiquetées, tordues, souvent enroulées sur elles-mêmes ou plissées comme des paquets de ficelles. Elles n'apparaissent dans une coupe que sur une très petite étendue parce qu'elles ont été brisées en plusieurs places. Il est en général impossible de les distinguer des fibres névrogliques sauf quand elles sont encore suffisamment saines pour rester colorées par la méthode de Weigert. Quelle que soit la coloration employée, ces fibres la prennent du reste très mal et beaucoup peuvent ainsi passer inaperçues.

Il en est de même des cellules névrogliques tombées elles aussi dans la cavité et qu'on ne peut plus guère que soupçonner. Parmi ces filaments et ces cellules se voient encore les débris de la gaine lymphatique du vaisseau, dont on reconnaît les grandes cellules plates à leur noyau allongé transversalement. Il en reste souvent plusieurs ensemble formant ainsi plusieurs serpentins très visibles dans la cavité.

A côté de ces éléments propres au tissu nerveux sont ceux qui viennent du sang.

En premier lieu, les hématies sont parfois assez nombreuses pour former un tas dans un angle de la cavité. On les reconnaît bien à leur absence de noyaux et à leur affinité pour l'éosine. Même par la méthode de Weigert on les voit, mais alors elles sont parfois décolorées.

Tantôt peu abondantes et disséminées, comme cela se voit dans les grands foyers de ramollissements corticaux, tantôt, au contraire, elles forment des amas considérables, comme cela a lieu dans les infarctus viscéraux. Il semble qu'une véritable petite hémorragie se soit produite. Ce n'est, bien entendu, que dans les lacunes récentes que l'on peut observer ces globules rouges, parce qu'ils sont rapidement résorbés et disparaissent du champ microscopique.

Mais plusieurs fois nous avons été frappé par leur grande quantité, comparativement aux autres genres de globules épanchés, de telle sorte qu'une hémorragie peut seule expliquer cette abondance proportionnelle.

Les leucocytes sont moins nombreux mais ils sont plus constants. Tandis que les hématies manquent parfois, les globules blancs sont toujours présents, on les voit très nettement colorés en bleu par l'hématoxyline. La méthode de Weigert les colore beaucoup moins bien. En les examinant à de forts grossissements, nous avons pu nous convaincre qu'il s'agissait toujours de la même variété de leucocytes. Ce sont de petits globules blancs ne contenant qu'un seul noyau très fortement coloré par les couleurs basiques. Ce noyau parait homogène et ne laisse pas apercevoir de nucléoles. Autour de lui, une bande de protoplama s'étend très irrégulièrement, de sorte que le noyau est souvent excentrique. Ce protoplasma prend les couleurs acides, on n'y distingue pas nettement de granulations. Il est du reste souvent réduit à une mince bande circulaire à peine visible.

En somme, ces leucocytes ne s'éloignent guère par leur type des mononucléaires du sang : ce sont certainement des lymphocytes venus soit directement avec une hémorragie, soit par diapédèse hors des vaisseaux intra-lacunaires.

Parmi tous ces leucocytes, nous n'en avons jamais rencontré qui contiennent plusieurs noyaux. Même dans les cas où de grandes quantités d'hématies pouvaient faire supposer qu'il s'agissait d'une hémorragie, nous n'avons jamais vu de leucocytes polynucléaires ; seuls les lymphocytes paraissent envahir les tissus.

Du reste, nous pouvons dire ici que quelqu'attention que nous ayons apportée à ces recherches, quelques forts grossissements que nous ayons employés, nous avons en vain recherché la présence de formes microbiennes. Bien que nous ne nous attendions pas à en trouver dans la circonstance, il était utile d'examiner à ce point de vue les parois vasculaires et les gaines lymphatiques des vaisseaux autant que les cavités lacunaires elles-mêmes. C'est ce que nous avons fait, et, pas plus dans les unes que dans les autres, nous n'avons trouvé de bactéries sous aucune forme. Cette recherche était nécessaire, car on a remarqué la fréquence des hémiplégies dans les maladies infectieuses, comme par exemple la pneumonie, et voulu expliquer ces paralysies par des embolies microbiennes. On pourrait nous objecter que parfois nos lacunes devaient reconnaître une origine analogue; nous ne le pensons pas.

Mais si l'on ne découvre pas de polynucléaires, on trouve cependant encore dans les lacunes d'autres éléments globulaires.

C'est d'abord une variété de noyaux qui ont été décrits par MM. Dupré et Devaux: « Il existe un certain nombre d'au-
« tres formations beaucoup plus grosses, homogènes, se
« colorant fortement par l'hématoxyline. Ainsi colorées,
« elles ont l'aspect de sphères bleu foncé situées au milieu
« des éléments voisins qu'elles semblent repousser. L'acide
« osmique ne les teinte pas en noir. Cette absence de réduc-
« tion établit entre ces corps sphériques et les corps dits
« granuleux » une différence qu'il faut noter à cause de la
« grande ressemblance morphologique de ces deux forma-
« tions globulaires. Ces gros globes ont un siège électif, la
« région de la veine du corps strié et la paroi du ventricule
« latéral le long de laquelle ils se disposent en une série
« linéaire ininterrompue rappelant l'aspect d'un collier. »

Nous avons rencontré aussi ces formations globulaires dont parlent MM. Dupré et Devaux. Comme eux, nous avons été frappé par l'aspect de ces cellules hypercolorées fixant fortement l'hématoxyline et qui ne peuvent être des corps granuleux. Elles sont trop petites pour être des cellules complètes. Sont-ce seulement des noyaux dont nous ne voyons pas le corps cellulaire? Nous serions plus tenté de le croire parce que nous les avons observées dans des conditions un peu différentes de celles que nous signalent ces auteurs. Elles nous ont paru siéger indifféremment dans toutes les lacunes, quel que soit leur siège dans le cerveau. Elles y sont réunies en amas assez volumineux pour attirer aussitôt l'attention par l'intensité de leur coloration. De plus, ces amas sont plutôt dans la paroi même de la lacune que dans sa cavité. Ils siègent dans les régions les plus désintégrées du parenchyme cérébral et sont toujours dans le voisinage d'un vaisseau altéré. Aussi sommes-nous convaincu qu'il s'agit la d'une migration leucocytaire en rapport avec la lésion vasculaire. (Voir pl. II et VI, fig. 13)

Enfin le dernier genre de globules que l'on trouve dans la lacune est constitué par des cellules volumineuses dont le noyau seul est coloré. Ces cellules sont de dimensions remarquables. Assez régulièrement circulaires et limitées par une membrane d'enveloppe assez nette. Leur noyau est petit, analogue à un noyau de lymphocyte et bien coloré en bleu par l'hématoxyline. Mais tandis que dans un lymphocyte le noyau remplit tout le corps cellulaire, il est ici entouré d'une large bande de protoplasma. Dans quelques cas très rares, nous avons vu plusieurs noyaux à ces cellules. Mais il est en général unique et peut occuper toutes les positions tantôt central, tantôt périphérique, ce qui nous explique que souvent sur des coupes ces cellules paraissent manquer de noyau. C'est qu'en raison de leur grand volume et de la situation excentrique du noyau celui-ci est resté dans une autre coupe.

Le protoplasma de ces cellules ne prend aucune des colorations auxquelles nous nous sommes adressé sauf l'acide osmique. Mais sur toutes les coupes colorées il paraît un peu jaunâtre, grenu, distendant l'enveloppe cellulaire. Ces corps sont toujours assez nombreux dans les cavités lacunaires. Nous pensons que ce sont des leucocytes chargés de myéline. Ce sont ceux qui donnent vraisemblablement les corps granuleux dans les pièces traitées par la méthode de Marchi. Plusieurs faits plaident en faveur de cette unicité.

D'abord ils sont très nombreux dans les lacunes récentes

et semblent par leur aspect grenu chargés de matériaux graisseux. De plus nous avons vu sur quelques coupes un aspect un peu particulier montrant bien à notre avis la genèse de ces corps granuleux. Autour d'un vaisseau central d'une lacune était une gaine périvasculaire et lymphatique passablement distante comme cela s'observe souvent, à la fois des parois vasculaires et des parois lacunaires. Des deux côtés de cette gaine lymphatique se trouvaient de nombreux leucocytes. Mais tandis que tous ceux qui étaient en dedans autour du vaisseau avaient la taille et l'aspect des lymphocytes qui infiltrent la paroi des vaisseaux artérioscléreux, ceux au contraire qui étaient en dehors en contact avec les parois lacunaires déchiquetées étaient gonflés et remplis de cette substance grenue et graisseuse qui en fait des corps granuleux. Tous cependant venaient du vaisseau par diapédèse, mais les premiers avaient franchi la gaine et participaient déjà à la désintégration cérébrale tandis que ceux qui étaient en dedans étaient séparés des débris de myéline par la gaine lymphatique suffisante en ce cas pour opposer une barrière infranchissable à la matière grasse qui ne pouvait la traverser. On pouvait ainsi très bien suivre sur un espace limité les transformations des lymphocytes et admettre l'identité qu'il doit y avoir entre les corps granuleux révélés par la méthode de Marchi et ces gros lymphocytes chargés de graisse.

D'autre part, il nous faut avouer que tandis qu'on voit les corps granuleux disparaître et ne plus fixer l'acide osmique dans une lésion vieille de quelques mois, par contre il est rare de ne pas apercevoir quelques-uns de ces globes grenus dans les mêmes lésions. De plus, la méthode osmio-chromique montre que les corps granuleux envahissent les parois lacunaires et s'étendent parfois dans l'intérieur du parenchyme cérébral tandis que les globes grenus se rencontrent surtout dans la cavité de la lacune et envahissent très peu la paroi.

Malgré tout il se peut qu'il s'agisse là seulement d'incidents de téchniques qui rendent les uns plus visibles dans certaines circonstances et les autres dans d'autres. Aussi pensons-nous malgré les différences apparentes qu'il y a identité entre ces deux formations.

Maintenant ces corps sont-ils d'origine leucocytaire? Les cellules de névroglie par exemple ne peuvent-elles pas aussi se charger de cette destruction des éléments gras quand elles sont tombées dans la cavité lacunaire et prendre l'aspect des corps granuleux? Le fait ne paraît pas impossible.

Nous trouvons encore quelquefois dans la lacune du pigment sanguin. Il faut pour cela que le foyer date d'un certain temps. Les hématies qui l'ont envahi ont disparu laissant la coloration particulière aux cristaux d'hématoïdine et le pigment sanguin s'est déposé sur les parois.

Tels sont les différents éléments que l'on rencontre dans les cavités lacunaires. Nous les avons tous réunis dans une description d'ensemble et de fait on les trouve presque tous dans chaque lacune. Il y a des variations proportionnelles de nombre entre les variétés d'éléments mais il en manque rarement.

En résumé sous le nom de deuxième degré des foyers lacunaires de désintégration nous avons décrit une cavité contenant à son centre un vaisseau altéré dans ses parois mais toujours perméable. Cette cavité est limitée par un parenchyme cérébral en voie de désintégration dont nous avons suivi les lésions du centre à la périphérie.

Elle contient enfin un grand nombre d'éléments cellulaires et fibrillaires sur la nature desquels nous nous sommes expliqué.

Cette description est celle de la lacune typique que l'on observe le plus souvent.

IV. — Évolution de la lacune

Après avoir parcouru ces deux stades anatomiques le processus de désintégration peut se limiter, et si l'existence du malade le permet la plaie cérébrale se cicatrisera. Mettant à profit sans doute son pouvoir de prolifération la névroglie va contribuer à remplir la cavité. Aussi quelques années plus tard sera-t-il très difficile de se rendre compte de l'existence d'une lacune antérieure. (V. pl. II)

Cependant au microscope on voit bien la cicatrice : les éléments nerveux nobles ne pouvant se reproduire, la cavité en sera totalement dépourvue. Plus de cellules nerveuses, plus de fibres à myéline et cependant la cavité se comble.

Des bandes fibreuses s'étendent d'un côté à l'autre de la paroi formant un réseau de plus en plus serré. Ces bandes sont composées de fibres névrogliques : on y voit même quelques cellules. Tout autour de la cavité le tissu cérébral conserve son aspect clair et raréfié ; mais les éléments qui l'infiltraient ont disparu, la névroglie l'a emporté dans sa lutte contre les leucocytes. Le processus de sclérose a eu le dessus sur la désintégration.

Il s'en faut que cette terminaison heureuse et cicatricielle soit la règle. Plus souvent la désintégration continue son œuvre néfaste, s'avançant petit à petit dans le parenchyme cérébral et la lacune s'agrandit. Quoique les lésions restent à peu près les mêmes, l'aspect de la lacune peut être un peu modifié. La destruction du tissu atteint d'autres vaisseaux et la cavité s'augmentant inégalement on ne voit plus d'artère centrale. On observe alors de préférence au voisinage des parois de la lacune un certain nombre de vaisseaux qui présentent tous les caractères que nous avons décrits précédemment à l'artère centrale. Elles sont toutes perméables et si elles ont des parois altérées celles-ci le sont uniformément.

Jamais il ne nous a été possible d'y reconnaître une dilatation anévrysmale.

Et cependant ces vaisseaux traversent ainsi une cavité dans laquelle rien ne les soutient : or, on sait à quelle grande pression sont soumises les artères cérébrales. Quoi d'étonnant que ces artérioles ainsi livrées à elles-mêmes se rompent tout-à-coup sous le choc de l'ondée sanguine et donnent passage à une grande quantité de sang entraînant une hémiplégie mortelle.

Il ne nous est pas possible d'affirmer que nous sommes ici en présence d'une des causes de l'hémorragie cérébrale. Nous pouvons seulement dire que nous n'avons jamais observé sur nos coupes d'anévrysmes miliaires et que les vaisseaux qui traversent les lacunes nous paraissent réaliser les meilleures conditions possibles pour se rompre brusquement.

Nous verrons en étudiant la manière dont meurent les malades porteurs de lacunes que ce que nous font présager les lésions artérielles se réalise fréquemment et d'après nos statistiques nous tirerons quelques conclusions sur le mode de production de l'hémorragie cérébrale mortelle.

V. — DE QUELQUES ASPECTS LACUNAIRES PARTICULIERS

Nous avons toujours eu en vue la lacune la plus fréquente, celle des noyaux gris. Mais elle peut siéger en d'autres points de l'encéphale comme nous l'avons vu et revêtir de ce fait quelques aspects un peu spéciaux.

La lacune qui coupe la capsule interne est toujours un peu plus volumineuse que les autres. Elle débute dans un noyau gris et s'étend par une de ses extrémités qui se trouve ainsi atteindre la capsule interne.

Au niveau de ce faisceau de fibres blanches, nous ne voyons naturellement pas de grosses cellules nerveuses, puisqu'il n'y

en a pas même normalement. Les faisceaux blancs sont plutôt
séparés et écartés que sectionnés. On ne voit pas beaucoup
d'éléments globulaires dans la cavité lacunaire. Le tissu blanc
étant moins riche en vaisseaux que la substance grise, il
s'épanche moins d'hématies dans la lacune. Sauf ces quelques légères particularités la différence est inappréciable
entre la lacune du noyau lenticulaire et celle de la capsule
interne.

Il en est de même pour les lacunes du centre ovale : peu de
vaisseaux, peu de globules rouges sont épanchés : mais en
raison de la grande quantité de fibres à myéline qui s'atrophient et disparaissent il y a abondance de corps granuleux.

Dans la protubérance enfin l'aspect est un peu le même
que dans la capsule interne. C'est en effet assez souvent dans
le faisceau moteur que se creusent les lacunes. Les fibres
en sont alors dilacérées, écartées par les éléments d'infiltration, on y trouve également peu de vaisseaux. Le vaisseau
central manque même assez fréquemment. Peut-être pour
le voir mieux serait-il nécessaire de faire des coupes longi-
tudinales parallèles à l'axe du faisceau moteur, tandis que
les nôtres ont toujours été transversales et horizontales, ce
qui permet d'embrasser les deux côtés de la protubérance.
Mais les vaisseaux devant être étendus souvent dans le sens
de nos coupes, c'est-à-dire perpendiculaires à l'axe des faisceaux moteurs, il vaudrait mieux pratiquer des examens
nouveaux en sens contraire. Le temps nous a manqué pour
compléter notre étude sur ce point particulier.

Quoiqu'il en soit, toutes ces différences ne portent que sur
des détails insignifiants et la description que nous avons
donnée des lacunes des noyaux gris reste vraie et entière
pour celles des autres régions de l'encéphale. Nous ferons
même remarquer en terminant le peu de variété qu'on
observe d'une lacune à l'autre. La plupart des lésions que
l'on décrit en anatomie pathologique sont faites sur un type

général idéal, pour ainsi dire, dont chaque exemple en particulier s'écarte plus ou moins. La lacune au contraire est toujours identique à elle-même : quand on en a examiné une, on ne peut manquer de les reconnaître facilement. Sa disposition présente un ordre invariable et les altérations que l'on y voit peuvent être considérées comme constantes.

A ce titre elle mérite bien une place à part dans la description des lésions encéphaliques.

IV

SYMPTOMATOLOGIE

Il semble que le tissu cérébral n'ait pas à sa disposition plusieurs manières de réagir suivant la diversité des lésions qui l'atteignent, que ce soit une tumeur développée sur place, un traumatisme venu de l'extérieur et introduisant un corps étranger, une hémorrhagie interstitielle ou un ramollissement d'une partie de l'écorce, le symptôme capital qui se manifeste est une hémiplégie.

Il en est de même quand la lésion est une lacune. Bien que petite, bien que peu profonde, bien que n'intéressant souvent aucun des conducteurs nerveux qui vont de la corticalité au bulbe, elle détermine cependant un important symptôme : la paralysie d'une moitié du corps.

Voici dans quel ordre évoluent les phénomènes qui caractérisent les lacunes.

Le malade *a un ictus dont* l'étude fera le sujet de notre premier paragraphe.

Son ictus *guérit* et il reste dans un état particulier que nous étudierons en second lieu.

En troisième lieu, l'affection se *termine de façon différente :*

1º Une infection intercurrente, souvent une pneumonie emporte le malade.

2° De nouveaux ictus se produisent, de nouvelles lacunes se creusent et conduisent progressivement le malade au gâtisme et à la démence.

3° Une hémorragie cérébrale survient dans la lacune.

A). *L'ictus*. — L'hémiplégie s'installe avec quelques caractères particuliers. Souvent dans les jours précédents, le vieillard se sent fatigué, somnolent. il souffre d'une céphalée plus ou moins vive, quelques vomissements l'ont même obligé à ménager ses forces.

Brusquement ses jambes fléchissent et il tombe sur le sol, s'affaissant du côté qui vient de se paralyser tout à coup. Aussitôt il essaye de se relever, car il n'a pas perdu connaissance. C'est là le fait capital de l'ictus produit par la lacune. Si nous cherchons dans nos observations nous en trouverons 50 seulement dans lesquelles nous ayons des renseignements sur la manière dont le premier ictus est survenu.

Sur ces 50 cas, 35 fois le malade n'éprouve aucune perte de connaissance, il assiste à son ictus, il tombe, se relève seul et aucun des phénomènes qui ont accompagné sa chute ne lui échappe. Par contre 8 fois il a perdu connaissance complètement, mais cette petite apoplexie est de courte durée, il revient rapidement à lui au bout de quelques instants. Ce n'est qu'exceptionnellement que le coma initial se prolonge au-delà de quelques heures. C'est déjà là un signe grave qui peut faire craindre une lésion plus étendue que la lacune.

Nous trouvons aussi que 7 fois l'hémiplégie survient dans la nuit sans que le malade s'en aperçoive : le fait n'est pas pour nous surprendre, car le ramollissement et l'hémorragie se produisent fréquemment de même. Le malade ne peut se lever ou tombe de son lit dès que ses pieds atteignent le sol.

Par conséquent la perte de connaissance est rare au début de ces hémiplégies ; l'attaque survenant pendant le sommeil n'est pas exceptionnelle ; mais c'est pendant le jour. pendant le travail, pendant la marche que se montre l'ictus initial.

On a beaucoup discuté sur le rôle de l'effort comme cause déterminante de l'hémiplégie. Dans les cas où il s'agit d'une embolie il est possible que les contractions musculaires violentes en favorisent la production : mais dans ceux qui nous occupent nous n'avons jamais trouvé en interrogeant les malades que ce facteur pût entrer sérieusement en ligne de compte dans la production de leurs accidents.

Le cas le plus fréquent est le suivant et nous l'avons observé pendant notre séjour à Bicêtre.

Un vieillard se promène tranquillement pendant la journée ou même est assis sur un banc avec ses camarades. Tout à coup il est pris d'un étourdissement, il se laisse glisser à terre et s'affaisse lourdement. Mais il se relève aussitôt aidé par ceux qui l'entourent : on l'assied et il a si peu perdu connaissance qu'il répond immédiatement aux questions qui lui sont posées, à moins toutefois qu'il ne soit devenu aphasique.

Et cependant il est paralysé, le tout a duré quelques secondes à peine : c'est un hémiplégique.

Examinons-le aussitôt : Ce qui domine chez lui ce sont les troubles moteurs. Tout un côté est immobile et flasque, la face participe à cette paralysie. Les membres retombent lourdement sur le lit ; les réflexes sont abolis du côté malade. Bref nous sommes en présence du tableau de l'hémiplégie vulgaire.

Cet aspect initial est-il fréquent ?

Nous disons sans hésitation qu'il est exceptionnel. Le caractère dominant de cette hémiplégie est d'être partielle et incomplète.

Elle est partielle, c'est-à-dire que le malade n'a qu'un bras ou une jambe de pris, parfois même un segment unique d'un membre. Nous avons vu la face seule atteinte et dans ces cas le domaine du facial inférieur est seul intéressé, comme le fait remarquer Calmette (1). Etudiant les hémiplégies d'origine cérébrale, cet auteur conclut que le facial supérieur n'est pris que dans les paralysies fortement accentuées. Au contraire dans celles qui sont légères, le facial supérieur est indemne : c'est ce qui se passe dans le cas de lacunes. Il y a intégrité du facial supérieur.

Elle est *incomplète*, c'est-à-dire que dans les membres qui sont paralysés certains mouvements sont possibles. Tous le sont souvent, mais sont limités dans leur étendue. Le malade peut prendre la main, mais non la serrer, il peut fléchir la jambe, mais non lutter contre une résistance qui la lui tient allongée. La force musculaire est constamment très diminuée et si l'exécution des mouvements simples est encore possible au commandement, ils ne se font que lentement et incomplètement.

Dans certains cas, la paralysie du début ne porte même pas sur les membres ni la face. La langue seule est prise : le malade est aphasique soit complètement, ce qui est rare, soit partiellement, ce qui est plus fréquent.

Mais il ne s'agit pas là ordinairement d'aphasie vraie : c'est plutôt de la dysarthrie.

Le fait a été souvent signalé et la dysarthrie accompagnant l'hémiplégie gauche plus ou moins accentuée n'est pas une rareté ; mais dans les cas qui nous intéressent nous avons vu des hémiplégiques droits incomplets présenter de l'aphasie également incomplète, plutôt due à des troubles mécaniques du langage, qu'à une mauvaise représentation du mot.

Cela se conçoit du reste mieux si l'on songe que les lésions produisant ces paralysies ne sont jamais corticales ni même sous-corticales, elles sont seulement dans les noyaux centraux.

A côté de ces troubles moteurs nous n'avons jamais constaté de troubles sensitifs. Une seule fois dans toutes nos

(1) CALMETTE. — Th., Montpellier 1901. Le facial supérieur dans l'hémiplégie cérébrale.

observations il y avait anesthésie complète du même côté que l'hémiplégie (obs. 74) et la lésion était une petite hémorragie du noyau lenticulaire dépassant déjà les dimensions de la lacune ordinaire, bien qu'elle se soit comportée anatomiquement et cliniquement de même.

Dans aucun autre cas nous n'avons trouvé de troubles sensitifs d'aucune sorte.

Telles sont les particularités importantes que présente au début quelques heures après l'ictus, l'hémiplégique par lésion lacunaire et si nous avons insisté sur certains détails qui paraissent peu importants, c'est que c'est par eux que nous avons pu souvent faire le diagnostic de la lacune.

A côté de ces détails les malades présentent les signes ordinaires des hémiplégies, que nous ne voulons que citer dans ce travail.

Les réflexes tendineux sont parfois abolis tout au début. Les réflexes cutanés sont en général conservés et le signe de Babinski se montre très souvent exact. L'hémiplégie gauche est souvent accompagnée de la perte du réflexe pharyngé.

Enfin le malade est plus ou moins obnubilé, plus ou moins gâteux suivant son âge et son passé pathologique.

Il est cependant un signe un peu distinctif de ces hémiplégies lacunaires et qui mérite que l'on y insiste.

C'est la conservation du *sens stéréognostique*.

Nous n'en avons que bien rarement constaté la perte absolue. On sait en quoi consiste la recherche du sens stéréognostique. Après avoir fermé les yeux du malade on lui place dans la main des objets usuels tels que montre, clé, pipe, pièce de monnaie, etc.

Ces objets sont facilement reconnaissables au toucher; du reste du côté sain, le malade n'hésite pas un instant et les nomme aussitôt. Dans une hémiplégie vulgaire il n'en est pas de même du côté paralysé. Le malade a beau retourner les objets, il ne peut arriver à en définir la forme et la nature.

Dans une hémiplégie lacunaire au contraire, la notion de

l'objet est conservée aussi bien du côté hémiparésié que du côté sain. Le malade reconnait les objets et les nomme. Peut-être l'intégrité de la sensibilité n'est-elle pas étrangère à la conservation de ce signe. Nous n'avons en effet jamais constaté d'anesthésie, et la sensibilité cutanée doit jouer un grand rôle dans la notion que l'on acquiert de la forme des objets.

En résumé, on voit qu'il existe entre l'hémiplégie lacunaire et les autres assez de distinctions pour qu'il soit parfois possible en étudiant attentivement un hémiplégique de conclure à quelle variété il appartient.

Aussi pouvons-nous dire, quand chez un vieillard ayant dépassé la soixantaine nous voyons apparaître sans ictus apoplectique, une monoplégie ou même une hémiplégie incomplète s'installant sans grand fracas, sans troubles sensitifs, qu'il ne s'agit ni d'un foyer hémorragique volumineux, ni d'un foyer de ramollissement cortical : ce n'est le fait, ni d'une thrombose, ni d'une embolie. C'est le résultat d'un petit foyer lacunaire siégeant dans les noyaux opto striés.

B) *Guérison de l'ictus.* — Les différences que nous venons d'observer entre l'ictus du malade atteint de lacune et l'apoplexie de celui qui est frappé par une hémorragie ou un ramollissement volumineux, ne sont rien en comparaison de celles qui se manifestent à mesure que ces affections évoluent.

Combien de temps en effet va durer l'hémiplégie du lacunaire? Quelques minutes, quelques heures souvent, parfois quelques jours, plusieurs semaines au grand maximum. C'est donc là un troisième caractère très curieux de cette paralysie. Elle n'est pas seulement *incomplète* et *partielle*, elle est encore *transitoire.*

Les phénomènes qui l'ont accompagnée le sont également, les réflexes reparaissent, la dysarthrie diminue et au bout de quelques jours le malade ne garde plus que le souvenir de son attaque.

On peut être très étonné de voir un ictus et une hémiplégie disparaître aussi rapidement et laisser aussi peu de traces quand ils sont causés par une lésion organique, ce n'est pas en effet ce que l'on est habitué à constater. Mais cependant il faut se rappeler que l'ictus apoplectiforme reconnaît des causes multiples et que c'est plutôt l'ébranlement cérébral résultat de la lésion, que celle-ci en elle-même qui le détermine ; c'est du moins la théorie énoncée et soutenue par M. Jaccoud. L'apoplexie est la conséquence d'une perturbation dans l'état d'équilibre cérébral, quelle que soit d'ailleurs la cause qui vienne rompre cet équilibre. La lacune, lésion petite et limitée ne déterminant pas une commotion violente, on s'explique facilement que l'ictus qui en résulte ne soit pas complet et ne s'accompagne pas de perte de connaissance.

Quant à l'hémiplégie il est plus difficile d'expliquer sa guérison rapide. Cependant nous devons considérer ici que les lacunes siègent habituellement dans les noyaux gris, région qui n'a avec les faisceaux moteurs que des rapports peu importants et que c'est sans doute à ce peu de rapports que tient la disparition rapide de l'hémiplégie.

En effet quand la lésion siège dans la capsule interne ou dans la protubérance elle atteint souvent le faisceau pyramidal : or dans ce cas la guérison est beaucoup plus lente à se produire. Mais, nous dira-t-on, elle arrive cependant. Cela est exact, l'hémiplégie guérit même dans ce cas parce que la lacune est une lésion petite et limitée qui ne sectionne jamais le faisceau moteur dans sa totalité. Celui-ci subsiste toujours en grande partie ; aussi est-il probable qu'il s'établit entre ses fibres des suppléances qui permettent à celles qui sont saines de remplir les fonctions de celles qui sont coupées. Ces phénomènes de suppléance sont bien connus en anatomie nerveuse et on les voit parfois s'exercer dans des conditions moins favorables que celles où nous sommes placés ici.

Ce que nous nous expliquons ainsi pour la capsule interne ou la protubérance, organes dont les fonctions sont bien délimitées, doit être vrai également pour les noyaux centraux dont le rôle est beaucoup plus vague, et si nous admettons qu'une suppléance peut s'établir dans les fonctions du faisceau pyramidal quand une partie seulement en est détruite, nous pouvons bien admettre que cette suppléance existe aussi pour les noyaux centraux dont une faible partie seulement est détruite par les lacunes.

Malgré tout le lacunaire n'est pas guéri complètement comme la disparition rapide des troubles moteurs pourrait le faire croire. Il conserve physiquement et intellectuellement des traces manifestes du choc violent qu'il a subi et il entre progressivement dans la période la plus longue et la plus caractéristique de son affection. C'est là que la maladie est la plus facile à étudier et il s'en trouve de multiples exemples dans les hospices de vieillards.

Le symptôme prédominant est la marche du lacunaire.

On sait comment marche l'ancien hémiplégique contracturé ; la jambe est étendue et raide, il ne peut fléchir les divers segments de son membre inférieur, aussi pour le porter en avant est-il obligé de le traîner sur le sol en lui faisant décrire un léger arc de cercle. Il en résulte une démarche qui s'accompagne du bruit produit par la circumduction de la jambe contracturée traînant sur le sol et du claquement du pied sain posant sur le sol à chaque pas, à tel point que l'on peut faire le diagnostic non seulement en voyant avancer le malade mais même en l'entendant marcher sans le voir.

La démarche du lacunaire est toute différente et l'on pouvait le prévoir puisque l'on sait qu'il n'arrivera jamais à la période de contracture. Comme l'a déjà montré M. Pierre Marie, il *marche à petits pas*.

Le corps légèrement penché en avant pour y porter son centre de gravité, il traîne ses deux semelles sur la terre sans jamais frapper les pieds ni les détacher du sol. Le talon pas plus que la pointe du pied ne perdent contact avec le sol et ils ne se portent pas loin en avant. Tout au plus avance-t-il de quelques centimètres à chaque pas, les mouvements sont du reste lents et continus et n'ont jamais le caractère spasmodique. Le malade avance plutôt avec mollesse, fléchissant modérément les genoux.

Cette démarche ne nous est du reste pas inconnue, M. Déjerine le premier l'a décrite, M. Brissaud a montré que c'est l'allure la plus ordinaire des pseudo-bulbaires ; nous verrons du reste qu'il y a des analogies fréquentes entre les pseudo-bulbaires et les lacunaires. Dans sa thèse, Comte a déjà étudié certains malades qui se rapprochent tout à fait de nos cas et qu'il hésite du reste à qualifier de pseudo-bulbaires.

Mais c'est surtout la démarche des Parkinsonniens qui ressemble à celle des lacunaires ; s'ils n'avaient la fixité du masque, leur tremblement si particulier et la propulsion en avant qui vient un peu modifier leur manière de s'avancer, on pourrait croire qu'eux aussi marchent « *à petits pas* ».

De plus, malgré son infirmité le lacunaire est un marcheur ; on le voit partout circulant constamment le corps un peu incliné en avant et soutenu par une ou deux cannes.

S'il n'avance pas très vite, il avance du moins sûrement, sans défaillance et bien avisé celui qui en le voyant passer pourrait dire de quel côté ce vieillard a été hémiplégique.

Cependant il n'est pas rare qu'un examen très approfondi de ses mouvements ne révèle un reste de faiblesse d'un côté du corps.

Évidemment si l'on recherche la paralysie suivant les moyens grossièrement employés en général dans ce cas, en ordonnant par exemple au malade de serrer alternativement avec les deux mains ou de mettre l'un après l'autre ses bras sur sa tête, on ne constatera aucune différence ni dans la force ni dans l'amplitude des mouvements exécutés. Mais il y a quelques petits signes dont nous conseillons de faire la recherche, qui exigent du malade une certaine adresse et par lesquels on peut mieux reconnaître de quel côté a porté l'hémiplégie ancienne.

Nous voulons parler d'abord du signe qui consiste à ordonner au malade de boutonner un bouton de son paletot alternativement avec la main droite et la main gauche seule. Ce mouvement met en jeu tous les doigts de la main et demande beaucoup plus de précision que de force.

Nous avons vu bien souvent les lacunaires ne pas pouvoir y parvenir avec la main qui avait été prise autrefois, malgré des efforts surhumains. Eux-mêmes parfois ne s'étaient jamais aperçu de cette inhabileté qu'ils corrigeaient malgré eux en demandant à l'autre main le travail double. Et cependant ils déploient une force égale avec leurs deux mains, ils ne paraissent paralysés d'aucun côté.

Il existe un autre subterfuge du même genre qui permet de savoir si dans une hémiplégie ancienne la face a participé à la paralysie et même quel est le côté de la face qui a été atteint. Pour cela il suffit de commander au malade de fermer alternativement l'œil droit puis l'œil gauche seul. Presque toujours l'un des deux se ferme bien tandis que l'occlusion de l'autre est parfois impossible isolément ou donne lieu à des efforts, des contorsions et des grimaces qui indiquent que ce côté de la face a été paralysé.

Il n'est pas surprenant que nous soyions obligé de recourir à des subterfuges de ce genre pour déceler les hémiplégies des lacunaires. Si elles avaient été complètes dès le début, les manifestations en seraient plus apparentes, mais nous avons vu qu'elles sont essentiellement incomplètes et transitoires. Aussi nous faut-il en chercher les traces dans les mouvements difficiles qui sont presque des mouvements d'adresse, et sont en tous cas minutieux et exigent de la précision.

Pas plus a cette période qu'au début même après l'ictus nous ne trouvons de troubles sensitifs. Nous n'avons en effet jamais relevé dans le cas d'hémiplégie lacunaire aucune altération de la sensibilité sous toutes ses formes tactiles, thermiques ou douloureuses.

Deux fois dans nos observations nous trouvons signalée une hémianopsie. Mais dans les deux cas ce signe n'a rien a voir avec les lacunes. Dans le premier cas (obs. XXXVII) il est apparu en même temps qu'une hémorragie terminale chez un homme qui était lacunaire depuis de longues années. Dans le second cas (obs. XLII) l'hémianopsie était le fait d'un ramollissement étendu siégeant d'un côté tandis que les lacunes pour lesquelles cette observation figure parmi les nôtres sont du côté opposé. Il ne nous semble donc pas que l'hémianopsie se rencontre chez les lacunaires pas plus que les troubles sensitifs.

Les réflexes tendineux qui avaient disparu au moment de l'ictus puis reparu ensuite ne restent pas normaux. Deviennent-ils exagérés du côté hémiplégié comme cela se passe quand la contracture apparait ? C'est le fait le plus constant. Quoique la contracture ne se montre pas, quoique le phénomène du pied et la trépidation spinale soient toujours absents les réflexes et en particulier le réflexe rotulien s'exagèrent du côté malade. Ce fait est déjà assez curieux par lui-même et bien caractéristique de cette variété d'hémiplégie. Mais l'exagération des réflexes tendineux ne se borne pas là : il est exceptionnel qu'elle se limite au côté malade. Peut-être lorsque l'hémiplégie a été presque complète, lorsque le foyer est volumineux, y a-t-il exagération des réflexes en faveur d'un côté.

Mais règle générale les deux côtés sont pris également. Non seulement les réflexes du genou mais celui du tendon d'Achille, ceux du poignet, de l'olécrâne, le réflexe massétérin, le réflexe contro-latéral des adducteurs lui-même sont exagérés. Ce dernier toutefois est le moins souvent pris d'une façon bilatérale et peut servir à reconnaître le côté qui a été pris au début. A chaque percussion même faible le malade tressaute. Il en résulte un état spasmodique généralisé qui est réveillé par la moindre percussion et qui contraste étrangement avec la mollesse de la « marche à petits pas. »

En outre de ces signes positifs il en est un qui n'a de valeur ici que par son absence, mais ce caractère négatif prend ici une grande importance. C'est l'absence de contracture. On ne s'attend pas à priori à voir la contracture manquer quand on voit les réflexes s'exagérer. Il en est cependant ainsi d'une manière constante. Il y a là une sorte de dissociation du syndrôme hémiplégique banal qui justifie l'entité clinique que nous tentons d'édifier.

A côté de ces signes capitaux, les lacunaires peuvent conserver quelques-uns des symptômes qu'ils ont présentés au début. Suivant que la prédominance s'est faite sur les membres ou la face, ils sont plus ou moins atteints dans leurs déplacements. Parfois il leur reste d'une aphasie passagère des troubles dysarthriques suffisants pour rendre leur langage absolument incompréhensible, on ne peut d'ailleurs avoir de doute sur la nature de leur trouble du langage, c'est bien de la dysarthrie.

D'autres conservent depuis leur ictus des troubles de la mastication ce qui leur donne de la dysphagie, souvent ils avalent de travers. La déglutition surtout des aliments liquides se fait plus ou moins difficilement.

Enfin à côté de tous ces troubles physiques, il ne faut pas croire que l'intelligence du malade reste complètement intacte. Et bien souvent même si l'hémiplégie n'a que très peu altéré leur activité physique elle a fortement atteint leur activité cérébrale. C'est certainement pour eux que

Charcot a trouvé l'expression merveilleuse de « rester boiteux du cerveau ».

En effet ces malades ont des amnésies : ils ne se souviennent qu'imparfaitement de leurs maladies antérieures.

On rencontre assez souvent chez eux un phénomène auquel M. Brissaud a consacré une de ses leçons cliniques et que l'on trouve parfois dans d'autres affections cérébrales : « C'est le rire et le pleurer spasmodiques ».

Dernièrement MM. Dupré et Devaux ont présenté une nouvelle observation de lacunaire qui était atteint de ce symptôme.

Ils s'égarent en se promenant, tiennent des propos incohérents et même s'ils ne tombent pas dans le gâtisme ils sont cependant dans un état démentiel qui les rapproche des enfants. Quelques-uns même sont assez délirants pour devenir dangereux et nécessiter leur isolement.

C) *Que devient le lacunaire ?* — Après avoir vu comment se produit l'ictus du lacunaire et comment il se comporte dans la suite, il faut maintenant nous rendre compte de l'évolution de la maladie.

Ce qui caractérise l'ictus lacunaire, avons-nous vu, c'est la guérison. Or cette guérison peut être absolument complète et le malade ne jamais plus se ressentir de son hémiplégie transitoire.

Quand un malade a une hémiplégie avant l'âge de 50 ans et que cette hémiplégie guérit, elle passe à la période de contracture, immobilise le malade et en fait un infirme pour le reste de ses jours. Il traîne constamment avec lui le souvenir de sa paralysie.

Rien de semblable pour le lacunaire ; sa guérison peut être complète, à tel point qu'il reprend le cours de ses occupations, vaque à ses affaires et s'il meurt c'est pour avoir contracté une infection quelconque comme une pneumonie.

C'est là le cas le plus fréquent, celui qui permet le mieux

d'étudier l'anatomie pathologique de l'affection. Un certain nombre de nos malades sont morts de la sorte.

Il ne semble pas du reste qu'ils aient contracté une pneumonie plus facilement parce qu'ils étaient lacunaires. Leur prédisposition à cette infection particulière tient surtout à leur qualité de vieillard mais il ne semble pas que la proportion de lacunaires qui meurent de pneumonie soit supérieure à la moyenne des vieillards qui succombent du fait de cette maladie.

La pneumonie conserve chez eux le caractère qu'elle revêt toujours chez le vieillard : ce n'est pas l'affection à début brusque avec vomissements, point de côté, température et signes stéthoscopiques intenses, mais c'est la forme torpide beaucoup plus broncho-pneumonique que franchement pneumonique qui évolue souvent sans signes précis autres que la sécheresse de la langue et qui caractérise essentiellement la pneumonie du vieillard. En quelques jours la maladie se déroule, le cœur se fatigue et le malade meurt.

Il s'agit bien entendu dans tous les cas qui nous occupent de malades antérieurement hémiplégiques et qui sont morts brusquement d'une pneumonie et non pas de ceux chez lesquels on voit une hémiplégie apparaître dans le cours d'une pneumonie. Ce fait qui est absolument différent de ceux que nous étudions a cependant été décrit mais il doit être rare car nous n'avons jamais eu l'occasion de l'observer.

Si nous avons parlé d'abord de la pneumonie comme moyen de mourir du lacunaire, c'est que c'est le plus fréquent, celui qui montre bien que la lacune n'est pour rien dans la terminaison fatale.

Mais un certain nombre de nos malades qui étaient cardiaques sont morts de leur affection arrivée à la période d'asystolie.

D'autres étaient de ces albuminuriques avec peu d'albumine présentant tous les signes de la néphrite interstitielle.

avec grande quantité d'urine, bruit de galop, tension artérielle élevée.

On peut se demander quel rôle a joué dans la genèse de
la lacune l'affection cardio-rénale de ces malades et M. le
professeur Raymond (1) avait signalé antérieurement certaines lacunes qu'il attribuait justement à la lésion cardiaque
mais il ne lui a pas paru que la lacune remplît un rôle important dans la production des hémiplégies des vieillards.

Cependant le lacunaire ne meurt pas toujours d'une
affection intercurrente. Bien que la lacune produise une hémiplégie qui guérisse elle peut tuer à plus ou moins longue
échéance. Bien des vieillards qui ont eu un petit ictus, sans
être restés hémiplégiques, sont cependant un peu impotents.

Leur activité cérébrale suit la même progression descen-
dante que leur activité physique et on les voit de jour en
jour décliner et s'acheminer tout doucement vers le gâtisme.

On suit parfois très bien les progrès de cette cachexie, et
pour cela le meilleur exemple est fourni par les vieillards qui
ont des récidives. Il est assez fréquent d'observer chez un
même lacunaire plusieurs ictus successifs survenant à intervalles éloignés.

Nous en avons observé nous-mêmes et parmi nos malades
sur 88 cas dans lesquels nous avons au moins quelques renseignements cliniques et quelques dates approximatives.
31 fois il n'y a eu qu'un seul ictus. Mais par contre nous trouvons que 24 fois les malades en ont eu plusieurs. Cette réci-
dive se produit donc fréquemment puisqu'elle s'observe dans
27,5 0/0 des cas tandis que dans 72.5 0,0 l'ictus est unique.

Parmi nos 24 malades qui ont été frappés plusieurs fois on
en compte 15 qui l'ont été deux fois, 7 qui l'ont été trois fois
et 2 seulement qui ont subi plus de trois atteintes.

(1) RAYMOND. — Quelques phénomènes paralytiques du vieillard
« Revue de médecine ». 1885.

Parmi ces derniers il en est un qui a même eu 5 ou 6 ictus successifs pendant une durée de 7 ou 8 années.

Dès la deuxième atteinte la physionomie de la maladie change un peu. Le malade n'est plus aussi alerte, et s'il marche encore à petits pas, on le voit moins marcher. Il commence à perdre peu à peu ses urines pendant son sommeil puis le jour. S'il reste complètement dans le décubitus dorsal il se forme rapidement des escharres dont l'allure est du reste aussi torpide que possible. Et pendant des mois ce vieillard reste étendu dans son lit, constamment souillé par l'urine, le faciès hébété ne répond plus aux questions qu'on lui pose, ne retrouvant un reste d'énergie que pour avaler des aliments liquides qu'on essaie en vain de lui faire prendre.

Les membres quoique réagissant bien aux excitations cutanées pendent inertes, les jambes s'œdématient et la région lombo-sacrée tout entière d'abord uniformément rouge se creuse d'une vaste plaie peu profonde et peu douloureuse et dont il est impossible d'obtenir la cicatrisation. Combien en avons-nous vu à Bicêtre de ces vieillards devenus complètement gâteux ayant perdu toute relation avec le monde extérieur et ne vivant plus que d'une existence purement végétative : presque tous sont des lacunaires et ils meurent sans doute de la multiplicité de leurs lacunes.

Peut-être un ictus amenant une lacune insignifiante qui ne tuerait pas un vieillard jusque-là bien portant suffit-il pour achever ces organismes affaiblis? Cela est très possible : c'est la goutte d'eau qui fait déborder le vase. Toujours est-il que si l'ictus lacunaire franc ne tue pas, on observe cependant des malades qui meurent plus ou moins longtemps après leur ictus primitif sans que l'on puisse attribuer la mort à autre chose qu'à leurs lacunes et leur gâtisme.

Si le gâtisme est le résultat le plus ordinaire de la répétition des ictus, il n'est cependant pas le seul. Un effet moins tardif que l'on observe souvent après le second ictus est l'hémiplégie double.

Elle se présente d'une façon un peu spéciale. Le malade est plus ou moins guéri de son premier ictus quand le second se produit. Ce dernier frappe le côté qui, la première fois, était resté indemne. Cette seconde atteinte n'est pas plus complète que la première. Cependant il semble qu'il y ait à ce moment une sorte de recrudescence de la paralysie ancienne. Il en résulte que les deux côtés sont frappés quoique d'une façon inégale. En même temps les troubles qui avaient accompagné le premier ictus puis disparu, c'est-à-dire la dysphagie, les troubles de déglutition, la dysarthrie, etc... reparaissent ensemble.

Mais alors, nous dira-t-on, vos malades sont des pseudo-bulbaires et il y a longtemps que Brissaud, Halipré et d'autres encore nous ont appris à reconnaître le syndrome pseudo-bulbaire.

Nous n'avons du reste à répondre à cette objection qu'en ce qui concerne les hémiplégies doubles : les autres ne ressemblent pas aux pseudo-bulbaires. Si nous cherchons dans nos observations nous voyons que deux seulement parmi les 80 dont nous apportons l'observation avec autopsie ont été considérés comme tels pendant leur existence.

On a trouvé chez eux des lacunes multiples dans les deux noyaux lenticulaires. Chez l'un d'eux même (obs. LV), l'un des deux noyaux lenticulaires était le siège d'un ancien foyer hémorragique.

Entre ces deux lésions et celle que M. Brissaud a décrite, la grosse hémorragie double dans les deux noyaux lenticulaires, il n'y a pas de différence considérable, il n'est pas extraordinaire que cliniquement les deux affections soient si voisines.

Il est fort possible que les lacunes multiples siégeant dans les deux noyaux lenticulaires produisent le même effet que les deux foyers hémorragiques siégeant au même point et il n'est pas étonnant que les deux affections donnent lieu à un syndrome analogue.

En ce cas les lacunes par leur disposition réalisent une cause nouvelle produisant le syndrôme et qui ne font qu'en vérifier l'exactitude.

Ici nous sommes en désaccord absolu avec Comte (1) qui n'admet pas, comme d'ailleurs M. Déjerine, que les lésions même doubles du noyau lenticulaire puissent amener le syndrome pseudo-bulbaire.

Les faits que nous avons observés sont en contradiction absolue avec cette théorie. Quelles que soient les connexions anatomiques que l'on attribue au noyau lenticulaire nous avons constaté le syndrome dans des cas de lésions doubles.

Bien que ces lésions fussent des lacunes plutôt petites et non pas des hémorragies déjà volumineuses des deux noyaux, nous serions plutôt tenté de généraliser la conception de M. Brissaud et de dire que toute lésion double des noyaux lenticulaires entraine plus ou moins la production de la paralysie pseudo-bulbaire.

Il y a cependant entre les malades de M. Brissaud et nos lacunaires de grandes différences même cliniques et en étudiant le diagnostic de l'affection qui nous occupe nous y insisterons davantage.

Il ne nous déplait pas toutefois de constater dès maintenant le rapport étroit qui existe entre nos lacunes et les lésions hémorragiques. Ce rapport pour nous est immédiat et à tel point que l'hémorragie cérébrale constitue pour le lacunaire un troisième mode de mourir et non des moins fréquents.

Nous discuterons ailleurs la nature de la lésion artérielle, sa cause et ses conséquences. Mais nous sommes ici obligé d'avouer que nous n'avons *jamais vu* nous-mêmes sur nos coupes dans l'épaisseur du parenchyme cérébral proprement

(1) COYTE. — Des paralysies pseudo-bulbaires. Thèse, Paris, 1900.

dit de dilatations artérielles pouvant être considérées comme *anévrismes miliaires*.

Nous ne parlerons que des autopsies pratiquées par nous chez les lacunaires. Sur 88 malades lacunaires dont nous avons pu examiner l'encéphale, 15 étaient morts d'hémorragie cérébrale typique ayant inondé les ventricules et complètement détruit ou dissocié les noyaux gris d'un côté. La mort s'était produite en quelques heures, 48 heures au plus. C'était donc bien un ictus hémorragique produit par la rupture de l'artère de Charcot.

Ces quinze malades étaient d'ailleurs des lacunaires, soit bien connus cliniquement, soit reconnus après l'autopsie. Mais dans le cerveau de tous, soit du côté opposé à l'hémorragie, soit du même côté dans les parties respectées par l'épanchement sanguin, on a trouvé des lacunes manifestes. (Voir pl. V, fig. 10.

On remarquera d'abord l'énorme proportion de malades ayant des lacunes et qui succombent emportés par une hémorragie cérébrale. Quinze parmi nos 88 cas, soit une proportion de plus de 17 %.

On ne peut nier qu'il y avait là une relation importante et que la lacune ne doive être considérée comme un des facteurs les plus importants de l'hémorragie cérébrale. Rien que cette proportion considérable met ce fait hors de doute. Mais il acquiert une importance encore plus grande si l'on remarque que toutes les autopsies d'hémorragie cérébrale que nous avons eu l'occasion de pratiquer pendant un an dans un hospice de vieillards où elles sont très fréquentes, il ne nous est pas arrivé d'en observer une seule qui ne fût accompagnée de lacunes cérébrales plus ou moins nombreuses ou volumineuses.

Or, notre statistique porte sur les quinze cas que nous avons cités ce qui est déjà un chiffre assez important étant donnée la fréquence relative de cet accident.

Par conséquent, coïncidence constante de l'hémorragie avec les lacunes et fréquence de l'hémorragie comme manière de mourir du lacunaire. Tels sont les faits.

Que pouvons-nous conclure de là ?

Il serait évidemment prématuré de notre part d'affirmer que c'est toujours dans un espace lacunaire que se produit l'hémorragie cérébrale. Il est cependant possible qu'il en soit ainsi. Nous ne voulons, du reste, ici, qu'indiquer le fait et les conséquences que l'on peut en tirer.

En étudiant l'anatomie pathologique de la lacune nous avons déjà vu avec preuves anatomiques à l'appui avec quelle facilité l'artère qui l'occupe peut s'y rompre brusquement et nous tentons de justifier maintenant notre opinion en l'appuyant sur une statistique qui nous semble suffisamment suggestive par elle-même.

En somme, pour en revenir à l'évolution de la lacune, nous voyons que le malade a trois manières de mourir. S'il n'est pas emporté par une affection intermittente ou par une hémorragie cérébrale, il s'éteint progressivement dans le gâtisme qu'amène peu à peu la répétition des ictus.

Pour résumer cette longue symptomatologie nous dirons que le lacunaire est en général un homme ayant dépassé la cinquantaine. La maladie débute par un ictus très court sans perte de connaissance. Il en résulte une hémiplégie incomplète et partielle qui guérit elle-même très rapidement.

Le malade ne revient cependant pas intégralement à son état normal. Il conserve un caractère très spécial qui est celui sous lequel se présentent habituellement les lacunaires, celui que l'on observe couramment dans les asiles de vieillards Il est aisément reconnaissable à sa marche à petits pas, à son état spasmodique généralisé, à quelques symptômes de paralysie pseudo-bulbaire incomplète, enfin à son état intellectuel affaibli. Il peut rester longtemps dans cet état et mourir brusquement d'une pneumonie ou d'une hémorragie cérébrale, ou s'éteindre au contraire lentement dans le gâtisme.

C'est là évidemment le cas typique de l'état lacunaire et quoiqu'on puisse souvent l'observer avec ses caractères de netteté absolue, il arrive cependant parfois que certains signes fassent défaut. Le plus constant de tous paraît être la marche à petits pas.

A cette seconde période de l'affection il est rare que la maladie ne soit pas bien caractérisée. Mais au début il peut se faire que l'hémorragie soit complète, qu'elle dure plus que d'ordinaire, et il faudra attendre, pour la voir diminuer puis disparaitre peu à peu *sans laisser de contracture*, ce qui est caractéristique de la lacune.

Nous n'avons à dessein insisté dans tout ce chapitre que sur la possibilité d'isoler cliniquement l'état lacunaire. Nous avons vu qu'anatomiquement cette dissociation s'impose encore mieux, mais considéré ainsi dans ses manifestations cliniques il nous a semblé que l'état lacunaire du cerveau constituait par son début, sa marche et ses terminaisons variables une entité clinique très différente des autres variétés d'hémiplégies avec lesquelles on l'a toujours confondu, qu'il était intéressant de l'en distinguer et que les principaux caractères que nous avons essayé de lui reconnaitre en propre justifient pleinement son isolement du groupe un peu confus des hémiplégies.

V

ETIOLOGIE

Après avoir envisagé les lacunes comme une entité clinique et avoir étudié leur anatomie, il était intéressant de rechercher si quelques causes particulières influaient sur leur production. Nous avons à ce sujet examiné un assez grand nombre de malades et nos recherches n'ont pas éclairé beaucoup les points laissés obscurs par l'étude anatomique.

Nous ne pouvons nous prononcer sur l'influence du sexe sur l'apparition des lacunes. En effet le milieu dans lequel nous avons observé était un hospice de vieillards du sexe masculin, nous ne savons si les mêmes lésions se retrouveraient chez la femme avec la même fréquence. On peut cependant supposer que les lésions artérielles pas plus dans le cerveau que dans les autres viscères ne doivent être l'apanage exclusif de l'homme et que par conséquent on doit les trouver également chez la femme.

Les lacunes sont extrêmement fréquentes dans un hospice de vieillards comme Bicêtre. On peut dire si nous mettons de côté les hémiplégies qui ne sont pas de nature organique, que trois facteurs se partagent les hémiplégies des vieillards : ce sont le ramollissement, l'hémorragie, et les lacunes. Nous verrons que sur les 15 hémorragies cérébrales que nous avons observées à Bicêtre pas une seule ne s'est produite dans un cerveau exempt de lacunes. Il n'en est pas tout à fait de même pour le ramollissement : il coïncide beaucoup plus rarement avec les lacunes quoique nous ayons noté cette coïncidence trois ou quatre fois.

Il ne nous est pas possible d'établir la proportion absolument exacte du ramollissement avec les lacunes : cependant on peut dire que la fréquence des hémiplégies par lacunes est bien plus grande que celle des hémiplégies par ramollissement.

On pourrait établir la proportion suivante qui n'a pas la rigueur d'une statistique étant donné qu'il nous manque pour l'établir quelques éléments. Mais elle est exacte à quelques unités près. Ce qui, étant donné la grande disproportion des chiffres, ne diminue pas sa valeur.

Sur cent hémiplégies survenant chez les vieillards 75 sont dues aux lacunes, 15 à l'hémorragie cérébrale dans un cerveau déjà atteint de lacunes ; les 10 autres sont causées par des ramollissements parmi lesquels la lésion du lobe postérieur seule tient une grande part.

On voit donc quelle énorme fréquence ont les hémiplégies par lacunes.

L'étude de l'âge nous a donné des résultats aussi importants. La lacune est une affection du vieillard. En étudiant les 60 cas dont nous possédons avec certitude l'âge du premier ictus, nous croyons qu'il est survenu 10 fois avant 55 ans, 14 fois de 55 à 60 ans, 16 fois de 60 à 70 ans, 17 fois de 70 à 80 ans et 3 fois seulement après 80 ans. Ce qui nous donne une moyenne de

15,6 % avant 55 ans
21,4   de 55 à 60 ans
26,6   » 60 a 70 »
28,4   » 70 a 80 »
5   après 80 ans.

Le relevé de cette statistique montre que le maximum des cas survient entre 70 et 80 ans. Ce sont donc des vieillards parvenus à l'âge de 70 ans qui sont atteints le plus souvent. Si l'on tient compte du nombre relativement restreint d'individus qui parviennent à l'âge de 70 ans surtout par rapport au nombre de ceux qui atteignent 50 ans, on se rendra compte de l'énorme proportion d'individus qui sont frappés à cet âge. Cette constatation a une grande importance car elle montre que plus on avance en âge plus la chance d'être atteint d'une lacune augmente. En établissant une moyenne approximative, on arrive à l'âge de 65 à 70 ans comme âge moyen de premier ictus lacunaire. On remarquera que trois fois nous l'avons vu survenir après 80 ans.

Pour ce qui est de la pluralité des ictus 72,5 % de nos malades n'en ont eu qu'un seul et 27,5 % ont été atteints de plusieurs à intervalles plus ou moins éloignés.

Parmi les causes qui peuvent avoir joué un rôle indirect dans la production des lacunes, il est certain que les maladies antérieures et le passé pathologique du malade doivent être pris en considération.

Il est certain que toutes les infections antérieures graves ou non, spécifiques ou non, bien ou mal caractérisées ne peuvent qu'avoir fatigué le système artériel tout entier, et à plus forte raison les vaisseaux cérébraux. Toutefois nous ne pensons pas que l'on puisse incriminer une infection quelconque en particulier.

Nous savons qu'entre toutes il en est une dont les manifestations tardives affectionnent tout spécialement le système nerveux. Nous voulons parler de la syphilis. Un certain nombre de nos malades étaient certainement syphilitiques. Parmi eux, nous en avons eu sept qui nous ont avoué avoir la syphilis ; il y en a certainement parmi les autres qui ont eu des accidents syphilitiques ; les uns nous l'ont caché, d'autres nient de très bonne foi et peuvent n'avoir jamais eu d'accidents ; il n'est pas rare de voir la syphilis cérébrale se manifester chez des sujets notoirement syphilitiques qui ignorent l'infection dont ils sont atteints, n'en ayant jamais ressenti d'effets. Mais les accidents cérébraux de la syphilis se produisent en général à un âge moins avancé que celui auquel se montrent les lacunes. Si la syphilis peut être notée comme une des causes importantes des ramollissements cérébraux c'est avant l'âge de 60 ans qu'elle détermine les accidents. Il ne faut donc pas dans le cas particulier s'exagérer son rôle outre mesure.

L'influence des diathèses ne nous paraît pas mieux établie. Nous avons longuement interrogé nos malades et essayé de rajeunir leurs souvenirs sur les affections anciennes qu'ils pouvaient avoir eues et qui se rapportent à ce qu'on est convenu d'appeler la série arthritique. Malgré les difficultés inhérentes à ces recherches chez des vieillards de 60 ans passés, qui n'ont pas attaché à leur santé une attention considérable, nous n'avons pas relevé chez eux d'ictères, d'eczémas, de rhumatismes.

On peut rencontrer chez eux, comme chez tout le monde, ces affections arthritiques, mais elles ne se montrent pas en série chez les lacunaires.

Enfin, c'est exceptionnellement que l'examen de leurs urines nous a révélé la présence de sucre.

Il n'en est pas tout à fait de même en ce qui concerne les intoxications. Sans parler de l'alcoolisme dont l'action est certaine et indéniable, mais dont le résultat ne se montre qu'à lointaine échéance, il est probable que l'urémie entre ici en ligne de compte. M. le professeur Raymond a signalé la présence de lacunes chez des urémiques. Parmi nos malades, quelques-uns sont morts en présentant le syndrome urémique au grand complet. D'autres, en assez grand nombre, étaient atteints de néphrite interstitielle avec peu d'albumine, mais une tension artérielle élevée, du bruit de galop, etc.

Il était assurément intéressant de constater la fréquence de cette néphrite qui existait environ dans un tiers des cas. Mais il faut se rappeler que cette affection est très fréquente chez le vieillard dont les artères fonctionnent mal, que d'autre part elle manque bien souvent dans nos cas : il y a donc là une coïncidence remarquable entre les deux affections, mais il n'est pas possible d'établir entre les deux, un lien de cause à effet.

Et cette coïncidence elle-même ne doit pas nous étonner outre mesure, si nous remarquons l'état des vaisseaux.

C'est là qu'il faut chercher la cause des lacunes. Quoi d'étonnant alors à ce qu'elles se montrent en même temps que la néphrite interstitielle dont la cause dépend aussi de l'artério-sclérose.

Nous avons vu en effet que les lésions vasculaires dominaient chez les lacunaires, et que souvent même ces lésions étaient limitées au système artériel encéphalique.

Toutes les causes que nous avons passées en revue se rapportent bien à l'artério-sclérose. Un certain nombre de nos malades présentent bien les signes de l'artério-sclérose généralisée. Mais cette généralisation n'est pas nécessaire pour produire des désordres cérébraux et il arrive souvent que les lésions artérielles sont limitées aux artères cérébrales.

Nous ne nous étendrons pas davantage sur les causes de l'artério-sclérose : elles sont aujourd'hui trop banales et trop décrites pour qu'il soit utile d'y insister. Ce sont évidemment celles des lacunes.

Pourquoi ces causes banales déterminent elles parfois une généralisation de la sclérose artérielle et parfois au contraire une localisation de cette sclérose sur certains organes ? Nous ne saurions le dire. Le fait est certain : les auteurs le reconnaissent. Parfois, quand il s'agit d'un organe comme le rein on comprend que le grand nombre des poisons qui s'y éliminent aient une action sur la structure de ses vaisseaux, et que ceux-ci s'altèrent à l'exclusion des autres.

Cela se comprend moins pour d'autres organes. Le fait est cependant reconnu aujourd'hui, et il n'est pas impossible de

supposer une artério-sclérose limitée aux organes intra-cra-
niens et reconnaissant les causes habituelles de la sclérose
des artères. C'est du reste, dans notre modeste sphère ce que
nous avons constaté.

Nous discuterons plus loin la valeur de cette hypothèse
que nous émettons ici et qui consiste à considérer l'artério-
sclérose comme le grand facteur des lacunes.

VI

PRONOSTIC

De toute la symptomatologie que nous avons assignée en propre aux lacunes, on peut conclure qu'il s'agit là de la forme la plus heureuse de l'hémiplégie organique. C'est en effet une affection qui guérit sans laisser derrière elle des traces d'infirmités incompatibles avec une existence supportable. Le lacunaire n'est assurément pas aussi alerte après son ictus qu'il l'était avant : cependant les gens « qui ont eu une petite attaque » font encore assez bonne figure dans le monde et nous en voyons souvent qui peuvent en prenant quelques précautions ne pas trop modifier leur genre de vie. Dans les milieux hospitaliers, ceci n'est plus aussi exact et le lacunaire est bien un infirme ; mais il n'est réellement condamné à l'immobilité qu'après plusieurs ictus quand il devient gâteux.

Après la guérison de son ictus, le lacunaire peut espérer une survie d'une certaine durée ; si les uns meurent au bout de quelques mois, d'autres reprennent peu à peu l'usage de leurs membres et pendant plusieurs années vivent d'une façon à peu près normale. Dans 67 cas nous avons eu des renseignements exacts sur le temps écoulé entre le premier ictus et la mort. Certains de nos malades ont survécu 10 ans et même davantage à leur première atteinte, et si nous faisons pour tous la moyenne du temps écoulé entre ces deux moments, nous trouvons une période de 4 ans et demi. Cette survie est considérable si l'on songe que la plupart de nos malades ont dépassé 60 ans, quelques-uns même 80 ans, et qu'ils peuvent mourir de toute autre chose que de leurs lacunes.

Malgré la fréquence de cette guérison les lacunaires sont toujours à la merci d'une infection quelconque comme la pneumonie ou d'un accident comme l'hémorragie cérébrale. Nous répéterons que parmi nos malades, quinze sont morts de cette complication.

D'ailleurs il est absolument impossible de fixer le pronostic de l'affection suivant la gravité du premier ictus. On a pu à ce moment observer des symptômes graves et croire à une issue fatale tandis que le malade se remet rapidement d'une manière satisfaisante. On observe au contraire des ictus très légers qui entrainent très rapidement la mort. Cela ne nous surprendra pas quand on pense que la gravité dépend bien plus du siège de la lacune que de sa dimension et des phénomènes qui accompagnent sa production.

En faut-il davantage pour faire considérer les lacunes comme une affection grave? Nous ne le pensons pas, d'autant plus que s'il échappe à ces accidents le malade n'en tombera pas moins dans le gâtisme pour y finir ses jours au bout d'une période qui ne varie que suivant les soins dont il est entouré.

VIII

DIAGNOSTIC

Le diagnostic des lacunes de désintégration cérébrale est donc possible à faire si l'on tient compte des caractères spéciaux que nous avons décrits dans les chapitres précédents. Il pourra être utile non seulement pendant la vie du malade de distinguer l'état lacunaire des autres états apoplectiformes ou des hémiplégies organiques, mais même intéressant après la mort de ne pas confondre la lacune de désintégration avec les autres états cavitaires du cerveau.

1. *Diagnostic clinique.* — Nous pensons avoir suffisamment insisté sur les caractères spéciaux de l'ictus lacunaire pour qu'il soit inutile d'y revenir longuement ici. Il est en effet possible de distinguer cet ictus de celui qui accompagne la production des grosses lésions en foyer du cerveau comme le *ramollissement* et *l'hémorragie*. Les lésions qui entraînent assez souvent la destruction de tout un lobe du cerveau sont assez souvent précédées de prodromes, de céphalées, d'étourdissements.

Il est très fréquent de voir le ramollissement cérébral occasionner plusieurs ictus successifs dans un espace de temps très court. En quelques jours la répétition des ictus amène chaque fois une extension de la paralysie. Aussi voit-on souvent une hémiplégie partielle d'un membre s'étendre au bout de quelques jours à l'autre membre du même côté, puis gagner la face quelques jours après.

Dans la lacune le fait ne se produit pas, l'ictus est unique, le plus souvent sans prodromes, sans être annoncé par un malaise précédent. S'il se répète ce n'est que longtemps après la guérison du premier ; on observe très rarement des séries de petits ictus. En tous cas, même quand il se produit chez un malade des séries d'étourdissements avant un petit ictus, c'est celui-ci seulement qui s'accompagne d'hémiplégie. Les étourdissements ne sont rien dans la maladie. De plus chaque atteinte de ramollissement s'accompagne comme nous le disons d'extension de la paralysie ; or, même quand cette paralysie est partielle, Elle est complète, c'est-à-dire que la partie du membre prise est totalement paralysée. Cela ne pourrait du reste se concevoir autrement puisqu'il s'agit dans ce cas d'un arrêt de circulation et par suite d'un arrêt dans la nutrition des centres moteurs corticaux.

De plus l'ictus qui accompagne le ramollissement est presque toujours beaucoup plus intense ; le malade perd connaissance complètement, il présente au complet le tableau classique de l'attaque d'apoplexie et il reste souvent plusieurs jours plongé dans le coma.

Enfin, s'il s'agit d'un vieillard ayant dépassé la soixantaine, il est très rare qu'il sorte du coma et il mourra en quelques heures ou quelques jours au plus sans avoir repris connaissance. Ceci est vrai sans exception en ce qui concerne les ictus dus à l'hémorragie cérébrale volumineuse.

Il y a peut-être quelques exceptions à cette règle en ce qui concerne les ramollissements. Mais il est très rare qu'ils guérissent.

En tous cas même s'ils arrivent à une période d'hémiplégie après avoir franchi celle d'apoplexie, il est alors très facile de les distinguer des hémiplégies lacunaires ; nous avons reconnu à celles-ci trois caractères principaux. Elle est, avons-nous dit, incomplète, partielle et transitoire. Le seul de ces caractères qui puisse lui être commun avec le ramollissement est le second. Non seulement en effet, l'hémiplégie due au ramollissement est complète mais elle est permanente et si elle guérit ce n'est que pour passer à la contracture. Ce sont ces invalides que l'on voit marcher en fauchant sans pouvoir plier la jambe, le bras replié au devant du corps, le poing fermé, les ongles poussant dans les chairs mêmes de la main et qui restent parfois aphasiques pendant des années entières.

Il est donc impossible de confondre cette hémiplégie avec celle du lacunaire rapidement guérie, si bien qu'on ne peut souvent savoir de quel côté elle a existé sans recourir à des subterfuges d'examen que nous avons indiqués ailleurs.

L'évolution même de la maladie ferait le diagnostic s'il n'était possible de le faire dès la période d'ictus. En effet nous pouvons dire que l'ictus qui se produit avant 55 ans est rarement une lacune : à cet âge, le ramollissement et l'hémorragie guérissent fréquemment, mais ce n'est que pour passer à la période de contracture permanente. Au contraire passé l'âge de 55 ans, les lacunes sont beaucoup plus fréquentes que le ramollissement et l'hémorragie et tandis que ceux-ci sont presque toujours mortels à bref délai pour le vieillard, la lacune guérit très bien et très rapidement, laissant le malade dans un état d'affaiblissement marqué, mais sans qu'il soit possible de lui trouver d'infirmités à proprement parler.

Quelle que soit la période à laquelle on envisage la lacune, il est donc toujours facile de dire qu'il ne s'agit ni d'un ramollissement ni d'une hémorragie cérébrale.

Il est cependant une affection qu'il est plus difficile de reconnaître et de ne pas confondre avec la lacune, lorsque les malades guéris de leur premier ictus, n'en conservent que des traces et présentent seulement la « marche à petits pas » et l'état spasmodique un peu généralisé que nous leur avons décrit. Cette affection est la paralysie pseudo-bulbaire.

M. Brissaud, dans ses leçons sur la paralysie pseudo-bulbaire a fait de ces malades un tableau clinique qui ressemble beaucoup à celui des lacunaires. Ils ont la même démarche dite « à petits pas »; ils ont la même fixité du regard avec atonie de la face, les mêmes troubles de la déglutition et les troubles respiratoires; la dysarthrie est extrêmement fréquente chez eux et conserve bien son caractère paralytique sans prendre celui de l'aphasie. Enfin il est très fréquent de rencontrer chez eux le rire et le pleurer spasmodiques. Nous avons gardé pour l'énoncer en dernier le seul symptôme qui diffère un peu de ceux que nous voyons chez les lacunaires, c'est l'hémiplégie double. Tous les autres signes sont en effet ceux que nous avons décrits comme caractéristiques de la lacune une fois l'ictus guéri. A dire vrai ces signes sont beaucoup plus nets chez le pseudo-bulbaire que chez le lacunaire. Il semblerait que ce dernier tentât vainement de reproduire le syndrôme pseudo-bulbaire sans y parvenir absolument. La marche à petits pas est cependant bien nette chez le lacunaire.

Mais l'hémiplégie double est toujours beaucoup mieux marquée chez le pseudo-bulbaire. Il est très rare que le syndrôme soit complet chez celui-ci après un seul ictus: d'après M. Brissaud, la chose est toutefois possible quand la lésion du corps opto-strié atteint en même temps les fibres du corps calleux. Le plus souvent deux ictus successifs sont nécessaires.

Alors le malade qui était antérieurement hémiplégique devient paralysé des deux côtés. Quelle que soit la violence de l'ictus, sa paralysie dure beaucoup plus longtemps que lorsqu'il s'agit d'une lacune. Les troubles de la parole sont aussi bien plus accentués. De plus la paralysie pseudo-bulbaire est une affection de l'adulte et non pas du vieillard. C'est là un précieux signe distinctif qui fait du reste que tout ce qui dans l'affection est du domaine de la paralysie est beaucoup plus marqué.

Enfin le diagnostic entre les deux affections sera parfois impossible et cela ne nous surprendra pas car nous savons que la paralysie pseudo-bulbaire est sous la dépendance habituelle d'une lésion double des deux corps opto-striés. Cette lésion est à la vérité très souvent d'un volume supérieur à celui des lacunes et il s'agit en général d'une double hémorragie. Mais la lésion peut être très limitée et donner lieu à un syndrôme fruste de paralysie pseudo-bulbaire. Quoi d'étonnant que dans ce cas elle soit causée par une double lacune des deux noyaux lenticulaires? Le syndrôme clinique n'est-il pas beaucoup plutôt sous la dépendance de la topographie de la lésion que sous celle de son volume? Aussi y a-t-il entre certaines lacunes et les lésions de la paralysie pseudo-bulbaire une similitude qui en rend le diagnostic différentiel bien difficile en certains cas chez le vieillard.

2. *Diagnostic anatomique.* — Si le diagnostic clinique présente certaines difficultés parfois insurmontables et s'il faut attendre quelquefois avant de se prononcer que l'évolution ultérieure de l'ictus amène une solution définitive, il n'en est pas de même du diagnostic anatomique. Quand on a retiré du crâne un cerveau qui contient des lacunes, il suffira de l'examiner pour ne pas les méconnaître. On ne pourrait guère du reste les confondre qu'avec une variété très rare de *gommes cérébrales* et avec les autres états cavitaires du cerveau. Ces différentes lésions sont du reste exceptionnelles. Nous devons cependant dire un mot de l'aspect sous lequel elles se présentent en général et qui permet de les reconnaître facilement.

L'encéphalite scléreuse due à la syphilis ne peut entrer ici en ligne de compte. Bien qu'elle se manifeste par des petits foyers d'induration, elle est très généralisée à toutes les parties du système nerveux, elle atteint trop souvent la face superficielle des circonvolutions pour donner lieu à une confusion quelconque.

L'encéphalite gommeuse pourrait mieux être une cause d'erreur. Les plus petites gommes ne dépassent pas le volume d'un pois ; elles sont anguleuses et paraissent anfractueuses sur une coupe. Elles sont rares dans les parties centrales et n'atteignent du reste l'écorce que par suite de leur développement dans la pie-mère où elles sont le plus fréquentes. Elles contiennent une portion caséeuse centrale qui peut s'échapper quand on en pratique la coupe et leur donne ainsi un aspect de cavité irrégulière. Leur périphérie est grisâtre et se ramifie dans tout le tissu cérébral environnant. Malgré la meilleure volonté il ne semble pas que la confusion soit possible.

Parmi les états cavitaires du cerveau nous devons mentionner en premier lieu ce que Durand-Fardel a décrit sous le nom *d'état criblé*. Il s'exprime ainsi :

« Lorsqu'on fait une coupe transversale d'un hémisphère,
« on voit quelquefois la substance blanche criblée d'un grand
« nombre de petits trous arrondis, à bords bien nettement
« dessinés, autour desquels la substance cérébrale est ordi-
« nairement bien saine et ne présente aucune modification
« de couleur ni de consistance. Ces trous sont disposés très
« irrégulièrement, tantôt jetés çà et là dans une assez grande
« étendue, tantôt arrangés en petits groupes où ils se trou-
« vent en plus ou moins grand nombre. Leur diamètre varie,
« la plupart semblent avoir été faits à l'aide d'une aiguille
« fine que l'on aurait enfoncée dans la pulpe cérébrale et
« dont l'empreinte y serait demeurée : quelques autres
« contiendraient presque une tête d'épingle.

« Un courant d'eau projeté sur ces criblures n'altère en
« rien leur forme, elles demeurent toujours béantes et nette-
« ment arrondies. Lorsqu'on les met sous l'eau ou qu'on fait
« couler sur elles une nappe d'eau continue, de chacune
« d'elles on voit sortir et flotter un petit vaisseau rompu.
« Ceci s'observe constamment au moins sur le plus grand
« nombre de ces criblures, car il en est parfois quelques-unes
« desquelles on ne voit rien sortir. Cette double apparence
« tient à ce que à la coupe du cerveau, les vaisseaux se sont

« déchirés sous l'instrument, soit un peu au-dessus, soit un
« peu au-dessous du niveau de la coupe elle-même.

« Ces trous qui se présentent ainsi à la coupe du cerveau
« ne sont donc autre chose que des orifices dans l'épaisseur
« de la pulpe nerveuse, et contenant chacun un vaisseau. J'ai
« décrit l'apparence qu'ils présentent sous le nom d'État cri-
« blé du cerveau.

« Il est permis de regarder cette altération, évidemment
« liée à la dilatation générale des vaisseaux, comme le résul-
« tat de congestions sanguines répétées. »

Il est certain qu'il est impossible de mieux décrire l'état
criblé du cerveau ; nous ajouterons seulement qu'on l'observe
surtout dans la substance blanche qui est immédiatement
sous-jacente aux circonvolutions et particulièrement à celles
de l'insula du Reil. C'est là que nous l'avons rencontré plusieurs fois soit isolément soit en coïncidence avec les lacunes
pe désintégration cérébrale. (Voir pl. VII, fig. 14.)

L'examen microscopique de ces petits orifices confirme entièrement ce que faisait supposer leur aspect. Ce ne sont
pas à proprement parler des lésions. Le tissu cérébral paraît
tout à fait sain autour des vaisseaux. Ceux-ci occupent en
effet le centre de la cavité et sont assez distants de la substance cérébrale. Il en résulte bien une petite cavité contenant à son centre un vaisseau et limitée par la substance
nerveuse, mais celle-ci n'est nullement en voie de désintégration : on n'y constate jamais de corps granuleux : le tissu
finit à pic au bord de la cavité sans présenter aucune raréfaction de ses éléments. Le vaisseau central ne présente également aucune altération de ses tuniques. Quant à la cavité
étendue entre ce vaisseau et les parois elle est toujours régulièrement circulaire et ne renferme aucun élément nerveux
ni aucun globule sanguin. (Voir pl. VII, fig. 15.)

Quant à la formation de cet état criblé nous ne savons si
la congestion répétée des vaisseaux, écartant peu à peu la
substance cérébrale qui les entoure, peut être incriminée et

s'il faut accepter à ce sujet les explications de Durand-Fardel. N'est-ce pas simplement un effet des réactifs de rétracter ainsi les vaisseaux au milieu du tissu cérébral, ou bien est-ce réellement une altération pathologique tout à fait à son début n'ayant pas encore entraîné de lésion appréciable de la substance nerveuse ? Nous ne pouvons le dire. Mais il est bien certain que cet aspect n'a rien de commun avec les lacunes.

Il ne nous reste plus qu'à décrire la *porose cérébrale*. Il s'agit là d'une lésion bien connue qui fut signalée pour la première fois par Lockhart-Clarke qui a justement comparé ces cavités à celles que l'on voit sur une tranche de fromage de gruyère. Après lui Schlesinger, Byrom-Bramwell et Birula-Bialynicki se sont occupés de la question. Arnold Pick enfin les a décrites et M. Pierre Marie en ayant observé dans son service de Bicêtre en a donné dernièrement une longue description. (Voir pl. VIII, fig. 16 et 17.)

« La porose cérébrale, dit-il, consiste dans la présence de
« cavités arrondies plus ou moins nombreuses (on peut en
« trouver 15, 20 et davantage sur une seule coupe frontale
« d'un des hémisphères) siégeant à même la substance céré-
« brale.

« Le volume de ces cavités varie de celui d'un grain de
« chénevis à celui d'un haricot ou même d'une noisette.
« Leur siège est variable et on les rencontre dans toutes les
« parties du cerveau aussi bien dans l'écorce que dans le
« centre ovale, les ganglions centraux, les pédoncules et le
« cervelet ; je n'en ai jamais trouvé dans le bulbe ni dans la
« moelle et je ne crois pas qu'on en ait signalé dans ces
« régions : d'une façon générale on peut dire que ces cavités
« sont surtout abondantes dans la substance blanche des
« hémisphères.

« Ces cavités se montrent comme taillées à l'emporte-pièce
« dans la substance cérébrale, parfois elles sont vides, quel-
« quefois elles contiennent soit un liquide, soit une sorte de

« gelée. Il semble que ces différences de l'aspect intérieur
« tiennent surtout à la manière dont le durcissement du
« cerveau a été opéré et au laps de temps pendant lequel ces
« hémisphères sont restés dans les liquides durcissants avant
« d'être ouverts.

« Lorsqu'on examine au microscope les cavités de la porose
« cérébrale, on constate, ainsi que l'a formellement noté
« Arnold Pick, que leur paroi ne présente aucune modification
« pathologique appréciable et n'est le siège d'aucun processus
« scléreux ou inflammatoire. »

On est moins d'accord sur la cause de ces cavités et leur
mode de production. Tandis que M. Pick veut y voir une
dilatation des espaces lymphatiques périvasculaires, M. Pierre
Marie les considère comme une simple altération cadavérique. En effet, ces cavités ne contiennent jamais de vaisseaux
et leurs parois ne présentent aucune altération. Il est donc
impossible de les comparer aux lacunes.

De plus, elles sont parfois si nombreuses et volumineuses
qu'elles seraient incompatibles avec une existence normale
et auraient donné lieu pendant la vie à des symptômes importants. Enfin, elles n'apparaissent que dans les périodes
chaudes de l'année quand les pièces anatomiques se conservent
difficilement. Il s'agit donc là, pour M. Marie, d'une putréfaction cadavérique développant dans l'intérieur même de la
substance cérébrale des gaz qui se font des cavités à même
le tissu. C'est l'opinion aussi du professeur Anton et de
Kolisko qui a découvert dans ces cavités des formes microbiennes de la putréfaction.

Il est donc impossible de rapprocher ces productions de la
lacune de désintégration.

Elle subsiste donc tout en étant parfois difficile à diagnos-
tiquer, comme une entité clinique et anatomique suffisante
pour mériter sa place dans la pathologie.

VIII

PATHOGÉNIE

Avant d'exposer telle que nous la comprenons la suite des phénomènes qui engendrent la lacune de désintégration, qui président à son évolution et à sa guérison, il nous faut répondre à quelques objections qui nous ont été faites ou pourraient nous être faites. Il nous faut aussi envisager les diverses altérations du système nerveux qui s'en rapprochent avec lesquelles les observateurs l'ont certainement confondue afin de montrer qu'elle constitue bien une lésion particulière qui justifie les efforts que nous faisons pour l'élever au rang d'entité anatomique et lui créer une place à part dans la pathologie nerveuse entre le ramollissement, l'hémorragie et les encéphalites.

De l'étude anatomique que nous avons exposée à l'aide de nos pièces et de nos préparations microscopiques, de l'étude clinique que nous avons tirée de nos multiples observations, nous croyons pouvoir tirer maintenant quelques déductions, l'abondance des documents par nous recueillis nous autorisant à le faire sans qu'on puisse nous reprocher de bâtir des théories trop hâtives.

1. *La lacune est bien une lésion anatomique.* — La première erreur dont nous devions immédiatement nous défendre est celle qui consiste à avoir pris des lésions banales

provenant de fautes de technique pour des lésions vérita-
blement anatomiques.

Nous n'aurions pas de nous-mêmes pensé à relever cette
objection si elle ne nous avait été faite l'année dernière au
Congrès de neurologie de 1900 par des savants étrangers dont
le nom fait autorité.

Ne se peut-il pas, nous disaient-ils, qu'en extrayant le
cerveau de la boite crânienne et le débarrassant de ses enve-
loppes méningées et même simplement en l'examinant, on
détermine des lésions vasculaires et périvasculaires analogues à celles que vous avez vues ? Ne suffit-il pas de saisir
avec une pince fine l'extrémité sectionnée d'une artériole en
plein tissu cérébral pour produire autour et dans les parois
mêmes du vaisseau des désordres analogues à des lésions ?

Nous ne voulons pas revenir ici sur toutes les précautions
que nous avons prises à ce sujet et que nous avons longuement exposées avec notre technique ; nous pensons cependant que le formolage immédiat du cerveau suffirait à lui
seul à prévenir la formation de lésions de ce genre. Rappel-
lerons-nous la manière d'enlever l'encéphale toujours en deux
temps, le cerveau d'abord, le cervelet ensuite après section
de la protubérance par sa partie moyenne, les précautions
que nous avons prises de ne jamais décortiquer le cerveau
avant un durcissement préalable d'au moins plusieurs jours
suffisant pour fixer les éléments.

Si malgré toutes les précautions que nous avons prises
quelques anatomistes n'ont pas confiance dans notre technique et s'ils ne sont pas convaincus par celles de nos préparations traitées par les colorations habituelles du système nerveux ou par l'hématoxyline-éosine, qu'ils se reportent
aux pièces que nous avons traitées par la méthode de
Marchi. Ils verront les parois artérielles bourrées de corps
granuleux et le parenchyme cérébral lui-même infiltré par
ces mêmes corps granuleux d'autant plus nombreux qu'ils
sont plus rapprochés de la cavité lacunaire et portant avec

eux dans l'épaisseur des tissus le processus de désintégration. (Voir pl. II et V.)

Nous ne connaissons pas de lésion *post mortem* déterminée artificiellement qui donne lieu à une inflammation du tissu cérébral et par suite à une diapédèse considérable, à une infiltration de globules blancs se chargeant de myéline et se colorant en noir par la méthode osmio-chromique.

Cette réponse s'adresse non seulement à ceux qui pensent que nous avons pu déterminer des lésions par l'examen des pièces mais encore à ceux qui n'établissent aucune distinction entre les différents états cavitaires du cerveau et mettent sur le même rang les dilatations dues à la putréfaction et étudiées par M. Pierre Marie sous le nom de *Cavités en fromage de Gruyère* ou *porose cérébrale* et les lacunes de désintégration cérébrale.

Les cavités produites par putréfaction sont de simples distensions gazeuses écartant les éléments anatomiques sans les altérer. La lacune au contraire les brise et les transforme peu à peu. S'il y avait hésitation possible entre les deux lésions la présence des corps granuleux trancherait la question en faveur de la lacune de désintégration.

2. *La Lacune est une lésion suffisante pour se révéler cliniquement.* — S'il est impossible de refuser à la lacune la qualité de lésion anatomique réelle, on peut cependant contester son rôle pathologique et ne pas admettre qu'elle soit la cause des états cliniques que nous avons étudiés.

M. le professeur Raymond a émis en effet une hypothèse très séduisante qui a convaincu beaucoup d'observateurs. C'est que chez certains paralytiques qui ont des lacunes, celles-ci ne suffisent pas à expliquer leurs accidents et il faut faire intervenir un nouveau facteur qui est l'œdème cérébral.

Nous ne voulons pas nier l'influence de l'œdème cérébral sur les affections nerveuses qui accompagnent les ramollissements ou les hémorragies. Cependant nous nous demandons si dans ces cas l'œdème n'est pas plutôt un effet qu'une cause et si l'infiltration séreuse des éléments anatomiques n'est pas plutôt le résultat de leur lésion que la cause qui l'a produite. La théorie de l'apoplexie séreuse semble aujourd'hui un peu abandonnée par ceux mêmes qui l'avaient préconisée.

De plus la lacune est une lésion bien limitée, bien circonscrite : dans un grand nombre de cas nous l'avons observée comme une lésion unique ayant donné lieu à une symptomatologie en rapport avec cette lésion soit par exemple une hémiplégie du côté opposé à l'hémisphère cérébral atteint. Serait-il possible que l'œdème cérébral, lésion essentiellement étendue et, généralisée donnât lieu à des symptômes aussi localisés surtout quand on se trouve en présence d'une lésion qui topographiquement les explique beaucoup mieux.

Il n'est pas étonnant que M. le professeur Raymond qui a surtout examiné à ce point de vue des urémiques ait trouvé chez eux de l'œdème cérébral. Chez ces malades l'œdème cérébral est comme les autres œdèmes viscéraux ou cutanés, une des manifestations multiples de leur intoxication ou le résultat d'un trouble purement mécanique.

Mais nos malades n'étaient pas tous des urémiques, et nous avons à ce point de vue recherché non seulement ceux qui pouvaient être urémiques avec albuminurie mais ceux qui étaient atteints de néphrite interstitielle. Nous avons examiné attentivement leur substance rénale. Quelques-uns, il est vrai, étaient des urémiques, ils avaient sans doute de l'œdème cérébral ; mais combien d'autres parmi eux sont morts de pneumonie ou d'affections intercurrentes aiguës n'ayant aucun rapport avec l'urémie. Chez eux il n'existait pas d'œdème cérébral ; cependant ils ont réalisé cliniquement la symptomatologie que nous avons décrite au lacunaire et ils étaient bien porteurs de lacunes cérébrales.

Nous sommes donc amené à renverser les termes de l'hypothèse de M. le professeur Raymond et à considérer que le principal rôle est joué par la lacune et non par l'œdème cérébral, que celui-ci peut parfois coïncider avec les lacunes mais qu'il est alors secondaire soit aux lésions cérébrales soit à d'autres, et qu'il peut très souvent manquer sans que la physionomie clinique de l'affection en soit en quoi que ce soit modifiée.

Par conséquent les lacunes existent en tant que lésion anatomique et clinique. Nous devons maintenant nous demander si elles reconnaissent dans leur formation et leur évolution un des processus familiers aux altérations du tissu nerveux ou bien si au contraire elles sont une production nouvelle reconnaissant dans sa cause des facteurs ignorés ou différemment interprétés jusqu'ici.

3. *La lacune est-elle une hémorragie ?* — Rien à priori ne s'oppose à ce qu'il se produise dans le parenchyme cérébral aussi bien que dans les parenchymes viscéraux des infarctus hémorragiques; à vrai dire on ne décrit pas ordinairement dans le cerveau d'hémorragies miliaires aussi limitées que le sont nos lacunes.

Cependant à côté de la grosse hémorragie mortelle en quelques heures qui détruit tous les noyaux centraux et inonde les ventricules, on décrit bien des hémorragies limitées qui s'enkystent et guérissent.

Les cicatrices de ces hémorragies sont habituellement linéaires par accolement des lèvres de la plaie et elles ont conservé une couleur ocreuse produite par l'infiltration du pigment sanguin qui est bien caractéristique de la cause de cette lésion.

N'y a-t-il pas cliniquement des hémorragies cérébrales limitées qui se comportent comme des lacunes ?

Il semble que le fait se rencontre: Ainsi M. Brissaud en décrivant le type de la paralysie pseudo-bulbaire, a montré qu'il s'agissait le plus souvent dans ce cas d'une double lésion hémorragique des noyaux lenticulaires de l'un et de l'autre hémisphère. Bien qu'il y ait entre les pseudo-bulbaires typiques et nos lacunaires des différences notables comme celle de l'âge par exemple, la paralysie pseudo-bulbaire étant une affection des adultes et la lacune une affection du vieillard, il n'en est pas moins certain qu'il y a entre les deux types de grandes analogies. La marche à petits pas, le rire spasmodique, la dysphagie et la dysarthrie sont des symptômes fréquents dans les deux affections. Bien que l'âge des malades ne coïncide pas, la ressemblance est parfois telle que quelques-uns de nos lacunaires ont pu être pris pour des pseudo-bulbaires et ont présenté pendant toute leur existence les signes de ce syndrôme clinique.

Il est donc incontestable qu'il y a entre ces deux types des analogies frappantes : mais cette analogie n'existe pas parce que les lacunes sont des hémorragies des noyaux centraux, elle existe par le fait qu'il y a souvent chez les lacunaires des doubles lésions de ces noyaux centraux et la similitude clinique tient ici à la topographie de la lésion et non pas à sa nature. Nous avons déjà montré du reste que cette similitude n'est pas absolue. Nous voulons seulement établir ici que cliniquement en principe rien ne peut faire supposer que la lacune n'est pas une hémorragie puisque des lésions hémorragiqu es placées à peu près comme le sont en général les lacunes reproduisent à peu près les mêmes symptômes.

Comparons avec les résultats anatomiques. Nous avons observé des hémorragies cérébrales extrêmement limitées et guéries ou du moins cicatrisées qui étaient situées dans les places les plus hantées par les lacunes. Pendant leur vie ces malades avaient été traités comme des lacunaires. Leur lésion elle-même étant très petite contenait du pigment sanguin et des éléments nerveux en état de désintégration.

Voilà donc des cas d'hémorragie cérébrale qui se comportent comme des lacunes. Il reste à voir en étudiant les lésions fines de ces hémorragies limitées et celles des lacunes s'il y a entre elles des ressemblances ou des différences infranchissables ou bien si elles ne sont pas dans une succession anatomique possible.

Dans une hémorragie cérébrale, si petite soit-elle, il se forme une cavité creusée dans les tissus nerveux. Les parois de cette cavité sont bien envahies par les hématies, et les éléments nerveux en sont dissociés. Plus la quantité de sang épanché est grande, plus les globules sanguins se trouvent loin de la cavité dans l'épaisseur du parenchyme. Mais au centre même de la cavité on ne voit pas de vaisseau resté perméable comme dans la lacune. Tout l'espace est occupé par des hématies ; on ne distingue presque pas de globules blancs et quand on en voit, leur proportion ne semble pas à priori supérieure à celle que l'on observe dans le sang normal.

Dans une lacune au contraire, la cavité n'est jamais remplie d'éléments globulaires très serrés ; on voit bien parfois des amas d'hématies très nombreuses, beaucoup plus abondants que ceux que l'on constate dans le ramollissement cérébral, mais ils paraissent toujours cantonnés dans une anfractuosité de la paroi lacunaire. De plus, les leucocytes y sont toujours proportionnellement très nombreux indiquant qu'il y a là un processus inflammatoire secondaire au moins aussi important que le processus hémorragique. Si nous voyons dans les parois de la cavité une infiltration de globules rouges ils sont peu nombreux et suivent seulement le trajet qui leur est ouvert par les leucocytes, véritables agents de la désintégration.

Il n'y a donc pas assez de sang dans une lacune pour que nous soyons en présence d'une hémorragie véritable, même limitée.

Cependant il est possible que l'artériole cérébrale qui se trouve au centre de la lacune ou celles qui sont tout à fait au bord des parois lacunaires se rompent et laissent échapper une quantité plus ou moins grande de sang.

On sait que ces artérioles cérébrales qui traversent les noyaux centraux sont des artères terminales. Pas la moindre anastomose ne vient entre elles favoriser le cours du sang gêné par les lésions de leurs parois. Elles supportent de plus une pression considérable en raison de leur voisinage des gros vaisseaux et du peu de distance qui les sépare de la carotide, leur caractère de terminalité ajoute encore aux pressions qu'elles supportent. C'est pour cela que ces vaisseaux ont été entourés d'une gaine lymphatique protectrice chargée de régulariser par sa réplétion et sa déplétion alternative le cours du sang dans les artérioles et de protéger ainsi le tissu cérébral si fragile à tous les traumatismes. Or dans les lacunes ces gaines lymphatiques sont distendues, toujours plus ou moins séparées des vaisseaux d'un côté et du parenchyme nerveux de l'autre. Bien souvent, elles sont rompues en plusieurs places ou tout au moins gonflées par une abondante migration de leucocytes ; dans ces conditions, leur rôle de protection mécanique est devenu illusoire. Rien ne fait plus obstacle à la pression sanguine qui s'exerce dans les artères de la paroi lacunaire, d'autant plus que nous avons vu qu'elles sont toujours parfaitement perméables.

Qu'y a-t-il alors d'étonnant à ce que ces vaisseaux de la paroi qui sont, pour la plupart, des capillaires laissent échapper dans la cavité même de la lacune une certaine quantité de sang. C'est là le résultat d'un phénomène purement mécanique. Ce n'est pas comme les hématies que l'on trouve dans un foyer de ramollissement et qui proviennent d'une nécrobiose du tissu lui-même ; en ce cas, l'épanchement sanguin est forcément très limité. Mais ici, les artères sont perméables ; elles se rompent, le sang s'épanche dans la cavité lacunaire : quand l'artère rompue est très petite il s'épanche peu de sang ; mais malgré tout la lacune prend l'aspect d'un infarctus hémorragique.

Mais si la rupture au lieu de se produire sur un capillaire de la paroi se produit sur l'artériole centrale de la lacune, il peut en résulter des accidents beaucoup plus graves. Cette artère souvent volumineuse, toujours largement perméable, traverse sans aucun soutien, la cavité elle-même. Nous savons que les altérations mêmes de sa paroi qui consistent surtout en un épaississement plus ou moins régulier la protègent un peu contre la rupture. Cependant, on voit partout dans les viscères les artères athéromateuses se rompre. Qui ne sait, par exemple, combien sont fréquents les infarctus du rein dans le cours de la néphrite interstitielle ? Et pourtant, s'il est vrai que dans cette affection la tension sanguine est très élevée il est bien certain que le parenchyme de la glande rénale constitue aux artères qui le traversent un soutien autrement puissant que ne l'est le tissu cérébral même dans les noyaux gris. Si donc les artères altérées du rein se rompent en pleine épaisseur glandulaire, avec quelle facilité l'artériole centrale d'une lacune doit-elle en faire autant dans cette partie où elle est complètement dénudée ?

Alors, l'hémorragie a lieu en pleine cavité : l'artère est assez volumineuse, ses parois n'ont aucune tendance à s'accoler : rien ne s'oppose au cours du sang. Aussi est-ce là une source des volumineuses hémorragies mortelles qui mettent souvent un terme à l'existence des lacunaires.

Nous avons en effet observé quinze fois cette terminaison brusque par hémorragie comme nous l'avons déjà vu.

Si nous rapprochons de notre statistique clinique la recherche toujours demeurée sans résultat, des anévrysmes miliaires du cerveau, on reconnaitra que ce n'est pas sans raison que nous avons cherché à établir une relation entre nos lacunes de désintégration cérébrale et l'hémorragie.

En résumé, il nous semble après avoir constaté cliniquement que l'évolution de certaines lésions notoirement hémorragiques ne diffère pas sensiblement de celle des lacunes, que le processus de désintégration amène dans les tissus un épanchement sanguin relativement plus considérable que la nécrobiose et que si la lacune ne peut être considérée comme une hémorragie véritable elle entraine cependant la formation de petits infarctus limités. De plus, en raison des lésions qu'elle amène on peut la considérer comme jouant mécaniquement un rôle considérable dans la genèse des hémorragies cérébrales mortelles.

La lacune est donc cause d'hémorragie, et non pas hémorragie elle-même.

4. *La lacune est-elle un ramollissement ?*

Si nous étions encore au temps où toutes les lésions cérébrales étaient dénommées « ramollissement » les lacunes évidemment n'échapperaient pas à la loi commune. Pendant longtemps en effet, on a conservé l'habitude de désigner les lésions cérébrales par un de leurs caractères anatomiques, le ramollissement. Il est bien certain qu'à ce point de vue les lacunes étaient toutes désignées pour rentrer dans le cadre des mêmes lésions. Le tissu qui les entoure non seulement est noirâtre et altéré dans sa couleur, mais il l'est aussi dans sa consistance, de telle sorte que la simple palpation de ces lésions permet de se rendre compte de leur mollesse.

Mais au temps où ce caractère physique suffisait à caractériser les lésions cérébrales les lacunes étaient complètement inconnues. Elles n'ont donc pas été comprises dans le ramollissement.

Elles n'ont pas été du reste beaucoup mieux connues depuis quoique l'on ait cherché à préciser la nature du ramollissement en lui assignant des causes bien définies.

Le ramollissement cérébral fut longtemps en effet considéré comme une encéphalite. Le caractère physique dit « ramollissement » fut même pendant longtemps synonyme du mot encéphalite qui préjugeait cependant de la nature de la lésion Ce n'est que dans la suite que l'étude des lésions vasculaires vint changer la face de la question. Quand Virchow le premier tenta de substituer les lésions vasculaires à la doctrine de l'encéphalite comme cause du ramollissement cérébral, il fut suivi par un certain nombre d'auteurs français. Les expériences de Prévost et Cotard achevèrent de fixer les esprits. Proust, Lancereaux adoptèrent la théorie vasculaire et furent suivis alors par Durand-Fardel lui-même qui bien avant eux avait été avec Bouillaud et Rostan un des plus vaillants défenseurs de l'encéphalite.

Si ces auteurs avaient connu les lacunes leur tâche n'aurait pas été simplifiée, bien au contraire :

En effet, poussant à l'extrême la théorie de Virchow, on a décidé que le ramollissement ne désignerait plus que la nécrobiose du tissu nerveux produite par la suppression complète de la vascularisation. Il est très facile de se représenter cette lésion. En raison de la terminalité absolue qui caractérise les artères cérébrales, c'est-à-dire de leur absence d'anastomoses, chaque artère tient sous sa dépendance un territoire cérébral qui lui doit à elle seule sa nutrition.

L'irrigation de ce territoire dépend donc simplement de la perméabilité de cette artère. Cette perméabilité peut disparaître de deux manières soit qu'une lésion sur place amène l'oblitération complète du vaisseau, soit qu'une embolie venue de loin s'arrête dans sa lumière et la bouche définitivement. Depuis longtemps les auteurs ont reconnu que aussi bien cliniquement qu'anatomtiquement rien ne distinguait l'un ou l'autre mode d'oblitération artérielle. Le résultat est identique et se fait immédiatement sentir.

Il consiste dans la nécrobiose du tissu cérébral. C'est le ramollissement. Nous voyons donc que ramollissement cérébral dans l'état actuel des connaissances anatomiques signifie oblitération artérielle sans préjuger du reste de ce qui se passera après. Y aura-t-il ou non inflammation secondaire ou même suppuration ? Ce sont là complications qui n'ont rien à voir avec la cause du ramollissement. Celle-ci est anatomiquement unique : c'est l'oblitération artérielle.

Or, qu'avons-nous vu dans nos lacunes ? Elles sont toujours orientées autour d'un vaisseau dont l'altération ne peut faire aucun doute : elles creusent même autour de ce vaisseau une zone que l'on pourrait même considérer comme une nécrobiose, mais toujours le vaisseau central est perméable. Nous avons déjà longuement insisté sur ce caractère des vaisseaux de la lacune. Non seulement, le vaisseau central, celui qui oriente la lésion, mais aussi ceux que l'on aperçoit dans les parois de la cavité, tous sont perméables.

Et cependant si nous considérons certaines régions de ces lacunes, quelles ressemblances elles offrent avec les ramollissements. Plaçons une préparation sous un objectif à fort grossissement de telle sorte que le centre de la lacune nous soit totalement caché et que nous apercevions seulement la paroi cérébrale en plein tissu de désintégration à quelque distance de la cavité lacunaire.

Comparons cette image avec celle que nous donne l'examen d'une coupe de ramollissement vue en plein foyer nécrobiotique. Tout observateur qui ne verrait dans les deux lésions que cette seule place conclurait assurément à leur parfaite identité. C'est la même destruction des éléments nerveux et névrogliques, la même infiltration par les éléments leucocytaires, les mêmes corps granuleux.

Mais là seulement est l'analogie ; si nous quittons dans l'un et l'autre cas la région très limitée que nous examinions à l'instant, les différences vont en s'accentuant progressivement et il devient impossible d'assimiler les deux lésions quoique quelques-uns de leurs résultats soient identiques.

Cliniquement déjà, nous avions pressenti la différence qui existait entre les deux. C'est par ictus successifs que se fait souvent le ramollissement gagnant peu à peu sur la corticalité cérébrale les territoires moteurs et produisant ainsi des hémiplégies complètes dans les régions dont il détruit les centres.

Mais surtout le ramollissement est une lésion de tout âge, tandis que les lacunes sont une affection du vieillard ; avant l'âge de 50 ans on observe souvent des foyers de ramollissement et jamais de lacunes. On observe bien aussi des ramollissements chez des malades âgés de plus de 50 ans, mais ils ont alors une toute autre allure clinique. Le plus souvent ces gros foyers sauf ceux qui siègent dans le territoire de la cérébrale postérieure ne peuvent être supportés par le vieillard et il meurt en quelques jours dans le coma, de même que s'il était atteint par une hémorragie cérébrale volumineuse. Au contraire, la lacune guérit toujours et elle guérit sans laisser de traces appréciables de son passage, autre qu'un affaiblissement un peu progressif comme nous l'avons vu à la symptomatologie de l'affection, mais sans atteindre définivement dans sa fonction tout ou partie d'un membre. Car c'est là le cas du ramollissement qui guérit. Il ne le fait pas sans contracture. Ces quelques caractères cliniques, sur lesquels nous ne voulons pas insister ici parce que nous l'avons fait ailleurs, nous montrent bien qu'il y a une notable différence entre la lacune et le ramollissement.

Il n'y en a pas moins dans la lésion cérébrale. Ce sont surtout les artères volumineuses qui sont atteintes dans le ramollissement. Les gros vaisseaux du crâne et de la base du cerveau sont épaissis, durs, présentent des plaques calcaires étendues et microscopiquement on y trouve toutes les lésions de l'athérome, l'endo-périartérite qui n'a rien du reste de particulier ici et que l'on rencontre souvent chez un ramolli dans la plupart des organes viscéraux. L'oblitération siège toujours sur un tronc volumineux, une branche de la sylvienne par exemple, ce qui prouve que les gros vaisseaux sont plus altérés que les artérioles et les capillaires et ce qui détermine de vastes foyers de nécrobiose ; sans parler de l'étendue de ces foyers qui est en rapport avec le volume de l'artère oblitérée, nous constatons que ce sont presque toujours les artères des circonvolutions qui sont atteintes. Que le foyer siège en avant dans la zone rolandique et qu'il entraîne une hémiplégie motrice ou qu'il soit le fait d'une oblitération sur le territoire de la cérébrale postérieure déterminant une hémianopsie, c'est toujours la corticalité du cerveau qui est atteinte. Si la lésion s'étend dans la profondeur, ce qui n'est pas constant, elle s'y avance en diminuant d'étendue, le maximum portant toujours à la surface : c'est donc là un processus différent des lacunes.

Les lésions de celles-ci sont toujours centrales. Elles portent sur des vaisseaux beaucoup plus petits, sur les artères lenticulaires, les striées ou les optiques par exemple, et se forment dans les noyaux centraux. Elles atteignent parfois la substance blanche environnante ou la capsule interne, mais ne font que l'effleurer et n'arrivent presque jamais aux circonvolutions, c'est donc un processus très limité qui s'étend peu vers la périphérie, tandis que le ramollissement est un foyer volumineux qui tend à gagner le centre de l'hémisphère et réussit parfois à atteindre jusqu'à la paroi ventriculaire.

Il n'y a pas jusque dans les lésions fines des deux genres d'affections où nous ne trouvions des différences notables. Dans le ramollissement pas d'espace vide comparable à la cavité de la lacune, pas d'artère centrale autour de laquelle s'organise la lésion. Les éléments nerveux sont bien en voie de nécrobiose mais ils sont moins déchirés que dans la lacune ; enfin l'infiltration leucocytaire qui s'étend dans le parenchyme est peut-être moins abondante. Si la destruction est presque complète au niveau du ramollissement, les bords en sont moins altérés que ceux des lacunes. La désintégration ne s'étend pas très loin et surtout parmi les globules et les corps granuleux qui envahissent le tissu on voit beaucoup moins d'hématies ; on ne rencontre pas, sauf dans les ramollissements tout récents, ces amas de globules rouges qui nous ont fait hésiter à prendre la lacune pour un infarctus hémorragique. Enfin, lorsque le ramollissement guérit, la perte de substance cérébrale ; e se répare pas. Les méninges en s'affaissant viennent au-devant du tissu détruit et laissent à la surface de l'hémisphère une dépression plus ou moins considérable qui ne tend pas à se combler. Nous avons vu au contraire combien dans les lacunes le processus de sclérose se développait et de quelle façon se cloisonnait la cavité. Des brides fibreuses en maintiennent les parois éloignées l'une de l'autre et tandis que tous les éléments nobles qui y étaient contenus disparaissent peu à peu, une charpente névroglique se construit et empêche l'affaissement qui ferait disparaître jusqu'à la cicatrice lacunaire.

En résumé tout différencie la lacune du ramollissement ; ni leur mode de production, ni leur aspect anatomique, ni leur évolution ne permettent de rapprocher l'une de l'autre, ces deux altérations de la substance cérébrale.

5. *La lacune est-elle une encéphalite ?*

Il est incontestable qu'une grande partie au moins des lésions que nous voyons dans nos lacunes relèvent d'une inflammation du tissu cérébral. La congestion des vaisseaux péri-lacunaires, les lésions des gaines péri-vasculaires, la tendance proliférative de la névroglie et la guérison des lacunes par une cicatrice de sclérose, sont des phénomènes dus très certainement à l'encéphalite. Mais de ce qu'il y a là un processus inflammatoire incontestable on ne peut pas conclure, ni qu'il ne s'est pas agi d'un ramollissement primitif, ni qu'il n'y a pas eu au début une altération d'un autre ordre qui a précédé les manifestations anatomiques secondaires de l'encéphalite.

Cependant depuis le jour où la connaissance des lésions artérielles a fait retirer à l'encéphalite la cause de tous les ramollissements cérébraux, l'inflammation du parenchyme cérébral a perdu la place importante qu'elle occupait dans la genèse des lésions. On en a distrait un certain nombre de chapitres qui font que son cadre s'est restreint de plus en plus et qu'il a même failli disparaître. Il n'a pas fallu pour lui conserver une importance relative moins que l'importante thèse de M. le professeur Hayem (1).

Il est évident que ce n'est pas dans la description qu'a donnée M. Hayem de l'encéphalite aiguë que nous chercherons des analogies avec nos lésions.

L'encéphalite aiguë aboutit à la suppuration ; c'est celle qui succède aux traumatismes, soit spontanés, soit expérimentaux de l'encéphale, aux pyrexies graves, aux pyhémies ; on y observe constamment la formation de foyers purulents. Rien n'est plus éloigné de nos foyers lacunaires.

Parmi les encéphalites subaiguës peut-être en est-il qui se rapprochent plutôt des lésions que nous connaissons. Ce ne sont pas assurément les formes généralisées encore bien peu connues du temps où M. Hayem les annonçait mais qui sont plus complètement étudiées aujourd'hui sous le nom de méningo-encéphalites diffuses. Ce sont les lésions aujourd'hui classiques de la paralysie générale.

Nous ne songerons pas davantage à assimiler nos lacunes à l'encéphalite aiguë des enfants de Strümpell, pas plus qu'à la polio-encéphalite aiguë hémorragique de Wernicke.

A côté de ces formes généralisées, M. Hayem a décrit l'encéphalite hyperplasique limitée dont l'évolution assez lente se rapprocherait davantage de notre type clinique. Malheureusement il avoue lui-même n'en avoir rencontré que trois observations ce qui est un peu rare comparativement à la fréquence de nos lacunes et la lecture des comptes-rendus des autopsies de ces trois malades convaincra immédiatement qu'il ne s'agit de rien de semblable aux lacunes. Il est bien question de foyers limités ; mais ils sont déjà volumineux, siègent dans la substance blanche, atteignant même la profon-

<hr>

(1) HAYEM. — Diverses formes d'encéphalites. *Th. agrégat.*, 1868.

deur des circonvolutions et sont remplis d'une substance gélatineuse tremblotante.

C'est donc du côté du troisième groupe, celui des encéphalites chroniques qu'il faut nous tourner. Depuis que M. Hayem a étudié et classé ce groupe d'inflammations cérébrales qu'il a qualifié du nom d'encéphalites sclérosiques, on a remanié totalement la très ingénieuse classification qu'il avait proposé. Il avait distingué une forme diffuse et une forme limitée.

Les formes diffuses seules trouvent aujourd'hui grâce devant les auteurs et encore ne sont-elles décrites que chez les enfants. Depuis les travaux de Charcot, de Pierre Marie et Jendrassik, de Bourneville et Brissaud, les formes atrophiques et hypertrophiques de cette variété d'inflammation encéphalique ont été bien étudiées chez l'enfant et nous voyons l'article classique du *Manuel de médecine* commencer par ces mots : « Tandis que chez les enfants les inflam- « mations chroniques de l'encéphale sont suffisamment étu- « diées pour qu'on puisse en esquisser une description, leur « histoire reste encore à faire chez l'adulte (Bourges). »

Quant aux formes limitées, M. Hayem a décrit une encéphalite sclérosique limitée primitive. Il semblerait que le titre même de cette variété suffise pour l'identifier avec les lacunes.

Il n'en est rien cependant : ce sont des lésions siégeant de préférence sur les circonvolutions, « plus ou moins bien limi- « tées, se développant dans des conditions qui excluent com- « plètement l'idée d'infarctus et qui ne peuvent pas être « non plus le résultat d'une ischémie liée comme on l'observe « dans la vieillesse aux altérations des petits vaisseaux » (Hayem).

Il ne nous reste plus dans ce que M. Hayem a décrit comme encéphalites sclérosiques limitées que les lésions consécutives à des tumeurs, à des abcès, à des hémorragies, à des infarctus. Quand il se produit dans la masse encéphalique une lésion de ce genre, le tissu qui l'entoure est le siège d'une inflammation chronique ; c'est dans l'étude de ce tissu que nous trouvons les images les plus analogues à celles que nous connaissons pour nos lacunes. M. Hayem étudiant les réactions que ces corps étrangers déterminent sur le tissu cérébral s'exprime ainsi :

« Alors, s'établissent, d'une manière lente et progressive « au sein du foyer malade, deux processus qui marchent « ensemble et en se combinant de diverses façons déterminent « toutes les lésions du prétendu ramollissement chronique.

« Le premier processus, celui qui est caractérisé par la « désagrégation des éléments du tissu nerveux, consiste « surtout en une infiltration graisseuse des éléments de la « névroglie. Aussi voit-on toujours et quelquefois très rapi- « dement un grand nombre d'éléments graisseux qui ont été « décrits depuis Gluge sous le nom de corps granuleux. Les « éléments nerveux se fragmentent, se désagrègent, subis- « sent des transformations chimiques mal connues qui don- « nent naissance à des granulations graisseuses et concourent « à la formation des corps granuleux, etc... Le second pro- « cessus est caractérisé par une sorte d'irritation qui s'em- « pare du tissu de la névroglie et des parois vasculaires et « aboutit le plus ordinairement à la formation d'une trame « conjonctive cicatricielle, dont la disposition variable sui- « vant les points et l'âge des lésions produit les apparences « désignées par M. Durand-Fardel sous le nom d'infiltration « celluleuse.

« ... Mais à côté de ces éléments de nouvelle production « se rencontrent tous les débris du tissu et des exsudats qui « masquent souvent les particularités que nous venons de « décrire. C'est ainsi que souvent l'attention est détournée « par l'abondance des corps granuleux, la présence de diffé- « rents cristaux gras et quelquefois de granulations pig- « mentaires hématiques, plus rarement de cristaux d'héma- « toïdine et enfin de vaisseaux plus ou moins dégénérés

« souvent entourés d'un manchon rempli de granulations
« graisseuses et de corps granuleux (Hayem). »

Il est incontestable que nous trouvons dans cette description tous les caractères que nous avons décrits au tissu périlacunaire, aux parois mêmes de nos lacunes ; or, la description de M. Hayem s'applique aux parties du tissu cérébral qui entourent des productions néoplasiques et qui subissent par conséquent l'influence secondaire de ces corps étrangers ; il se passe dans ces tissus une réaction inflammatoire secondaire. C'est l'encéphalite sclérosique consécutive à une irritation.

Nous pouvons donc en conclure que dans nos lacunes nous sommes également en présence d'une encéphalite sclérosique tout au moins en ce qui concerne les parois des lacunes.

Cela ne nous indique toujours pas quelle est la genèse de cette inflammation. Quoique nous puissions l'assimiler à l'encéphalite sclérosique de Hayem, il nous est impossible de la considérer comme secondaire à la présence d'un corps étranger qui n'existe pas et que nous n'apercevons nulle part pas plus sous forme de tumeur que d'abcès ou même d'infarctus.

Faut-il en conclure que nous sommes en présence d'une encéphalite primitive ? Ce serait simplement faire aveu d'impuissance et nous payer d'un mot qui ne signifie plus rien aujourd'hui.

Les inflammations de quelque nature qu'elles soient sont toujours secondaires à quelque chose : on ne conçoit plus maintenant et avec juste raison un tissu présentant tout à coup et sans cause les lésions inflammatoires caractéristiques que nous venons de citer. La cause la plus fréquente de ces inflammations est l'irritation microbienne, soit directement soit par les toxines sécrétés par les microbes. Il ne nous semble pas que dans le cas particulier cet élément doive entrer en cause ; ni dans les allures cliniques de la maladie, ni dans l'examen de nos coupes nous ne trouvons de quoi justifier cette hypothèse. Il ne nous a jamais été donné d'apercevoir sur nos préparations des formes microbiennes.

Il nous faudra donc invoquer une autre cause irritative. Nous la trouverons sans doute dans les désordres produits par les lésions vasculaires.

Nous voulons seulement dans ce paragraphe montrer que nous n'avons pu assimiler nos lacunes à aucune des formes d'encéphalites décrites actuellement ou autrefois. Seule l'encéphalite sclérosique secondaire d'Hayem se rapproche de nos lésions. Mais même dans ce cas il nous est impossible d'accepter pour nos lacunes les causes que l'auteur reconnaît à l'encéphalite sclérosique.

6. *Du rôle des gaines lymphatiques périvasculaires.*

Si nous admettons comme nous venons de le faire une encéphalite secondaire développée pour ainsi dire autour de nos lacunes, il faut en chercher la cause de préférence au centre. Étant donnée la topographie des lésions qui vont en s'atténuant vers la périphérie, c'est au milieu de la lacune qu'il faut en chercher l'origine.

Or nous avons vu que presque toujours le centre était occupé par un vaisseau, petite artériole cérébrale, descendant rarement au volume d'un capillaire, constituée par ses trois tuniques et entourée par une gaine lymphatique comme le sont tous les vaisseaux cérébraux. Il paraissait tout naturel avant d'incriminer le vaisseau lui-même de se demander si la gaine lymphatique qui l'entoure n'est pas pour quelque chose dans le processus lacunaire. C'est ce qu'a fait M. Pierre Marie : « Dans certains cas la dilatation des espaces péri« vasculaires est très prononcée et s'accompagne d'altérations « du tissu nerveux adjacent ; aussi l'on pourrait se deman« der si la production de certaines lacunes ne serait pas attri« buable à une sorte de vaginalite destructive qui détermi« nerait l'altération du tissu nerveux contigu comme par une « corrosion progressive. »

Nous ne sommes pas étonné de voir poser la question de l'origine lymphatique des lacunes. Ce n'est pas la première fois que l'on cherche dans le système lymphatique, l'explication des scléroses nerveuses. N'a-t-on pas voulu voir dans l'altération des vaisseaux lymphatiques de la moelle l'origine de la sclérose systématisée des cordons postérieurs et n'a-t-on pas ainsi édifié ce qui fut la théorie lymphatique du tabes ?

Avant de discuter cette hypothèse nous devons montrer combien l'on s'entend peu sur la valeur et la nature des gaines lymphatiques péri-vasculaires. Elles furent décrites pour la première fois par Robin. Presque en même temps, His, en pratiquant des injections dans les canaux lymphatiques réussit à pénétrer dans l'intérieur : mais tandis qu'il est d'avis avec Charlton Bastian que ces gaines sont revêtues intérieurement d'une couche épithéliale, M. Hayem ne leur décrit qu'une couche conjonctive contenant quelques rares noyaux allongés qui ne sont que des noyaux de cellules conjonctives. Cette constitution n'a guère été modifiée depuis, mais on s'est demandé quel était le contenu de ces gaines et avec quels organes elles communiquaient. His ayant pu les injecter par les vaisseaux lymphatiques en avait conclu à leur constitution lymphatique. Depuis, les auteurs classiques (Poirier, Viault et Jolyet) ne leur refusent pas ce débouché mais admettent en même temps leur communication avec le liquide céphalo-rachidien.

Depuis que le liquide céphalo-rachidien a été mieux étudié dans sa constitution, on lui refuse toute analogie avec la lymphe. Il faut donc que les gaines péri-vasculaires cessent de communiquer avec l'un ou avec l'autre, avec les vaisseaux lymphatiques ou avec les espaces sous-arachnoïdiens.

A ce sujet les auteurs modernes sont en complet désaccord. Le professeur Mathias Duval affirme que ces gaines péri-vasculaires « légèrement écartées du capillaire, contiennent « du liquide céphalo-rachidien » communiquant avec les lacs mais jamais avec les vaisseaux lymphatiques et qu'on ne doit par conséquent pas les considérer comme des gaines lymphatiques. Au contraire, Sicard qui fut en France le promoteur de la ponction lombaire et de la voie céphalo-rachidienne est non moins affirmatif quand il dit que le liquide céphalo-rachidien n'a aucun rapport avec la lymphe et que les gaines lymphatiques des vaisseaux ne sont pas en communication avec les espaces sous-arachnoïdiens.

N'ayant pas expérimenté nous-mêmes, il ne nous est pas possible d'avoir une opinion sur la question du fait de la communication ou de la non-communication avec tel ou tel milieu de l'économie. Il serait cependant très désirable que ce point d'anatomie fine fût définitivement fixé par les histologistes et les expérimentateurs, surtout en présence du rôle de plus en plus important que l'on assigne aujourd'hui au liquide céphalo-rachidien dans la pathologie générale. On sait avec quelle facilité ce liquide s'altère et devient un merveilleux milieu de culture microbienne ou de réservoir toxique. Sa constitution se transforme alors et son examen devient un précieux moyen de diagnostic dans un grand nombre d'intoxications aiguës ou chroniques et dans les scléroses lentes.

En supposant alors qu'il se répande entre les artères et leurs gaines, ne serait-il pas une source d'inflammation de ces gaines elles-mêmes et ne pourrait-il réaliser « la vaginalite destructive » dont parle M. Pierre Marie. Il ne s'agirait pas là assurément d'un processus aigu comme celui qui peut résulter d'une infection grave, mais d'une altération lente amenant par suite des lésions du liquide contenu une destruction progressive des parois qui le contiennent et consécutivement la réaction d'encéphalite secondaire que nous avons déjà vue.

On pourrait admettre que l'altération des gaines ainsi réalisée retentirait sur le vaisseau qu'elles entourent et l'isolant davantage du tissu environnant empêcherait sa nutrition de

se faire normalement, d'où réaction inflammatoire consécutive et aspect lacunaire typique.

Il ne nous semble pas impossible que le processus de désintégration lacunaire suive la filière que nous venons d'indiquer. Nous n'avons guère qu'une objection à opposer à cette
hypothèse : c'est que les lacunes sont toujours une lésion de
la vieillesse. Or, il est difficile de ne pas supposer que dans
l'âge le plus favorable aux infections graves c'est-à-dire dans
la deuxième enfance et l'adolescence, le liquide céphalo-
rachidien ne déterminerait pas des lésions analogues reten-
tissant également sur les gaines péri-vasculaires et sur le
parenchyme cérébral. Nous aurions alors chez l'enfant des
lacunes semblables, par exemple, dans des cas de méningite
tuberculeuse.

Nous reconnaissons cependant que cette objection n'a rien
d'absolu car il se peut que les tissus vasculaires du vieillard
se prêtent mieux à ces altérations et puissent seuls subir dans
le cours des intoxications chroniques, comme par exemple
l'urémie, les altérations de désintégration lacunaire.

« La vaginalite destructive » peut donc se justifier jusqu'à un certain point si nous sommes d'accord avec les
auteurs qui font des gaines péri-vasculaires une des voies du
liquide céphalo-rachidien. Si au contraire nous adoptons
l'opinion de ceux qui les considèrent comme une voie lymphatique il devient plus difficile de concilier notre pathogénie avec cette hypothèse.

En effet ne devons-nous pas nous représenter dans l'économie tout entière le tissu lymphatique comme destiné à
jouer un rôle de défense dans l'organisme ? Ne le voyons-nous
pas lutter à chaque instant contre tout ce qui peut être une
cause de lésion ? Ne voyons nous pas les leucocytes non seulement nous débarrasser des corps étrangers vivants ou inor-
ganiques qui envahissent l'économie, la phagocytose s'exercer en toute région : ne les voyons-nous pas par leur pouvoir
chimiotactique lutter contre les toxines les plus virulentes ?

Mais encore, chaque fois qu'une lutte de ce genre est nécessaire en un point limité, le système lymphatique tout entier ne fabrique-t-il pas des éléments de lutte, des leucocytes en grand nombre tandis que les ganglions opposent une barrière à la dissémination des poisons les plus toxiques ou des microbes les plus migrateurs?

Nous ne voyons jamais le tissu lymphatique faillir à ce rôle qui lui a été dévolu dans l'organisme.

Il ne semble donc pas possible que dans le seul cas de lacune cérébrale, faisant exception et abandonnant son rôle le plus essentiel de défenseur de l'organisme, le tissu lymphatique non seulement ne s'oppose pas à la propagation d'une lésion irritative, mais encore se fasse le milieu bienfaisant qui permette à cette lésion de se développer et soit ainsi le propagateur même de la désintégration au lieu d'être son plus sérieux obstacle.

Nous ne pouvons nous ranger à cette opinion qui nous paraît renverser les rôles que l'observation et l'expérimentation ont attribués à chaque tissu de l'organisme.

Nous conclurons donc en disant que les gaines péri-vasculaires jouent un grand rôle dans la production des lacunes, rôle prouvé par leurs lésions précédemment décrites. Nous ne leur refusons même pas la possibilité de jouer le premier rôle dans la genèse des lésions ; mais il nous faut pour cela préjuger de leur nature et admettre comme définitif, ce qui n'est pas prouvé, leur communication avec le liquide céphalo-rachidien à l'exclusion des conduits lymphatiques ce qui est du reste l'opinion du Professeur Mathias Duval.

A défaut de cette genèse nous reconnaîtrons aux artérioles cérébrales le droit de tenir la première place dans la formation des lacunes.

C'est ce qui nous reste à voir.

7°. — *Du rôle des lésions artérielles.*

Pénétrons encore plus au centre de la lacune et examinons

le vaisseau qui s'y trouve. Nous avons déjà décrit ses lésions. Malgré la perméabilité, nous avons insisté sur l'épaississement de sa tunique moyenne s'étendant jusqu'à la lame élastique interne, sur l'infiltration de ses parois par des éléments jeunes et de nombreuses cellules embryonnaires rondes ou étoilées. Dans sa tunique externe enfin nous trouvons fréquemment des éléments de graisse et il n'est pas rare de voir une couronne noire entourer ces vaisseaux que nous avons traités par la méthode osmio-chromique.

Ces lésions ne sont pas autres que celles qui, depuis la magistrale description de M. Huchard sont reconnues classiques de l'artério-sclérose à une période peu avancée de la maladie. Ce ne sont pas évidemment les plaques calcaires ou les abcès puriformes de l'endartère que l'on rencontre aux périodes terminales de cette affection à évolution si longue. Mais ce sont celles du début de l'artério-sclérose, très suffisantes pour caractériser la maladie elle-même.

Si l'on nous objecte que chez nos malades le système artériel et en particulier l'aorte et les gros vaisseaux ont été reconnus sains, sans plaque d'athérome, nous répondrons que le fait est aujourd'hui bien connu et qu'il est hors de doute qu'il puisse exister des scléroses limitées à tel ou tel organe et que les cirrhoses du rein par exemple, n'ont pas d'autre origine.

L'artério-sclérose n'est pas nécessairement une lésion généralisée; si elle peut atteindre tous les organes simultanément, elle peut aussi les intéresser individuellement et nous avons pour prouver le fait examiné des coupes de vaisseaux de la base du cerveau présentant les lésions les plus avancées de l'artério-sclérose tandis que l'aorte qui les précédait était parfaitement saine.

Il est donc incontestable que nos malades sont des artério-scléreux par le cerveau.

Disons si l'on veut pour mieux exprimer notre pensée qu'ils sont atteints de cirrhose cérébrale.

— 131 —

Quant au résultat de cette altération artérielle nous allons
le trouver dans la description générale qu'a donnée M. Huchard (1) de la sclérose dystrophique : « Partout, dit-il, où
« l'artério-sclérose apparait, elle détermine une diminution
« d'apport des sucs nutritifs dans les organes, d'où un ra-
« lentissement dans la nutrition interstitielle qui aboutit à
« deux conséquences : 1° à la mortification, à la nécrobiose
« des éléments nobles de ces organes (cellules musculaires,
« cellules striées du rein, cellules du foie, tissu élastique et
« musculaire des artères, etc.), 2° à l'excitation de nutrition
« du tissu conjonctif qui s'explique par la stase sanguine et
« lymphatique toujours observée à la suite des rétrécisse-
« ments ou oblitérations, joué par l'élément noble des tissus
« nécrobiosés et devenu corps étranger. »

Il semble que nous trouvions l'explication de la genèse des
lacunes dans ces quelques mots. Ils n'ont cependant pas été
écrits pour cette lésion cérébrale en particulier mais ils
s'appliquent à la généralité des lésions déterminées par l'artério-sclérose.

C'est à dessein que nous n'insistons pas sur la cause même
de la lésion artérielle. Il ne nous est pas possible dans le
cadre de ce travail de refaire toute l'étiologie de l'artério-sclérose ni de prendre parti dans les discussions auxquelles elle a
donné lieu. Ces causes seront évidemment les mêmes pour la
lésion cérébrale qu'elles sont pour les autres cirrhoses. Il est
certain que les maladies infectieuses antérieures, les causes
toxiques de tout ordre comme l'alcoolisme, les diathèses même
et la syphilis, la sénilité elle-même joueront un rôle plus ou
moins prépondérant chez nos malades.

Quelque diverse que puisse être cette cause, le fait indéniable consiste dans la lésion vasculaire. Cette lésion amène un
rétrécissement plus ou moins considérable du calibre de l'artère. Le simple épaississement de ses parois empêche la circula-

(1) HUCHARD. — Traité clinique des mal. du cœur et des vaisseaux.

tion de se produire facilement. Il en résulte un ralentissement dans le cours du sang et surtout un ralentissement dans la nutrition des éléments que doit alimenter cette artère. C'est ici qu'entre en jeu son caractère terminal. Aucune anastomose ne pouvant suppléer à cette insuffisance artérielle la région alimentée par cette artériole est définitivement perdue. Les éléments nerveux n'étant plus suffisamment nourris s'atrophient. Mais cette diminution de volume ne se fait pas brusquement comme dans la nécrose due au ramollissement lorsque la vascularisation est tout à coup supprimée dans sa totalité. Ici c'est plutôt une atrophie qui commence.

Aussi voyons-nous le premier degré de la lacune ; autour du vaisseau déjà altéré, les éléments nobles du tissu nerveux se sont raréfiés : la trame névroglique subsiste encore sans rupture, mais les cellules nerveuses et les tubes nerveux plus sensibles ont en grande partie disparu. Mais à cet état ne tarde pas à succéder le deuxième degré.

L'insuffisance de la nutrition augmentant, les éléments atrophiés se nécrosent et sous l'influence de ces corps devenus étrangers l'encéphalite secondaire commence. L'inflammation entre en jeu et suffit alors à reproduire l'aspect que nous avons longuement décrit sous le nom de lacune du deuxième degré. Nous rappellerons seulement la perméabilité constante du vaisseau central, la paroi lacunaire en voie de désintégration et bourrée de corps granuleux, la cavité lacunaire enfin contenant une foule d'éléments rompus ou altérés parmi lesquels les formes globulaires prédominent.

A ce propos nous avons déjà remarqué la grande quantité d'hématies que nous trouvons ordinairement dans cette cavité. Les éléments du sang ne peuvent provenir de l'artère centrale altérée mais dont les parois ne sont pas rompues, elles doivent provenir de la nécrose du parenchyme cérébral : le tissu est en effet extrêmement riche en vaisseaux sanguins comme on peut s'en convaincre en examinant une coupe normale, les globules rouges se trouvent tout à coup mis en liberté par la désintégration du tissu qui est autour, y compris les parois des capillaires. Ils deviennent à leur tour corps étrangers et agents irritatifs augmentant l'inflammation.

Aussi nous sommes-nous demandé (mais c'est là une simple hypothèse de notre part) si leur rôle dans ce cas ne pouvait pas être comparé au rôle mécanique que jouent les hémorragies dans les toxémies graves et si la simple présence de ces corps étrangers hématiques ne devait pas augmenter la nécrose, lui imprimer un caractère un peu spécial qu'on a déjà décrit sous le nom de nécrose hémorragique. Il est certain que par leur abondance ces globules rouges devenus corps étrangers contribuent à augmenter la désintégration : on les voit s'infiltrer dans les tissus à la suite des leucocytes. Ces caractères suffisent-ils pour imprimer à cette désintégration le nom de nécrose hémorragique ? Nous ne voudrions pas l'affirmer ; mais nous devons signaler ici le caractère un peu spécial de cette mortification du parenchyme cérébral.

Quoiqu'il en soit l'encéphalite domine à cette période et lorsque les leucocytes chargés de myéline ont évacué tout ce qui encombrait la place, le processus de réparation commence. Nous l'avons vu aboutir à la cicatrice lacunaire telle que nous l'avons décrite déjà et telle que M. Hayem l'a conçue pour son encéphalite sclérosique secondaire. La lacune est alors guérie.

Nous faut-il quelque chose de plus pour expliquer la filière des lésions lacunaires ? le processus est bien en rapport avec l'âge de nos malades, avec la lenteur des lésions chroniques du vieillard. Il n'est pas incompatible avec l'évolution clinique que nous avons décrite, il rend compte jusqu'à un certain point de la guérison relative des lacunes sans trace d'hémiplégie ce qui du reste est plutôt le résultat de la localisation de la lésion que celui de sa nature même. Ce que nous a appris l'étiologie des lacunes ne diffère pas sensiblement des causes générales que l'on a reconnues à l'artério-sclérose. Enfin nous croyons avoir montré que la suite des lésions observées s'accommode de cette pathogénie mieux que d'aucune autre.

En résumé nous dirons que les lacunes sont produites par une insuffisance de nutrition du parenchyme cérébral causée par l'artério-sclérose des petits vaisseaux. Il en résulte secondairement une encéphalite chronique qui peut guérir à cause de sa tendance à la sclérose.

De la place des Lacunes en Nosologie

Nous avons maintenant tous les éléments pour caser dans le cadre de la pathologie les lacunes de désintégration cérébrale.

Elles constituent une entité clinique bien à part et si elles partagent leurs causes avec les autres manifestations de l'artério sclérose elles forment cependant une lésion anatomique qu'il est impossible de ne pas reconnaitre ou de confondre.

Si l'on avait pu, il y a cinquante ans, les observer à leur place dans le parenchyme cérébral, on n'aurait certainement pas séparé leur description de celle du ramollissement. Depuis que l'oblitération artérielle a été reconnue comme la cause « ne varietur » de cette affection il ne faut pas songer à les en rapprocher.

Leur caractère de chronicité leur interdit également tout lien de parenté avec les encéphalites aiguës. Quant aux encéphalites chroniques elles ne sont actuellement décrites et isolées que chez les enfants. C'est cependant à côté de ces formes infantiles qu'il faut ranger nos lacunes. Il faut les considérer comme des encéphalites chroniques sclérosiques et notre but sera atteint complétement si nous avons contribué à ajouter aux lésions infantiles un paragraphe que l'on pourrait intituler : « Encéphalites chroniques sclérosiques du vieillard. »

IX

OBSERVATIONS

Les observations que nous rapportons ont toutes été fortement abrégées. Nous en avons systématiquement retranché tout ce qui ne se rapportait pas aux lacunes, comme par exemple la description complète d'une hémorrhagie cérébrale terminale, l'histoire d'un tabès chez un homme ayant présenté des lacunes, etc...

Pour ce qui a trait aux lacunes, nous nous sommes contenté d'en énumérer les signes principaux. Nous avons même passé sous silence quelques signes négatifs qui sont constants, tels que l'absence de troubles sensitifs, etc...

De même à la relation des autopsies, nous n'avons pas cru qu'il fût utile pour chaque observation de décrire complètement les lésions que nous avons vues. Nous serions tombé constamment dans des répétitions fastidieuses. Nous l'avons fait cependant pour quelques-unes en résumant le plus possible.

Il en résulte cependant qu'il est difficile à la simple lecture de ces observations de se rendre compte du tableau clinique habituel que présentent les lacunaires et qu'il est absolument nécessaire pour en avoir une idée de se reporter à notre chapitre de clinique qui n'est en somme qu'une observation détaillée.

La ressemblance entre les différentes observations était telle que nous avons cru préférable d'agir ainsi.

Observation I

Bec..., 69 ans, a eu une première attaque d'hémiplégie gauche en 1888 à l'âge de 58 ans. — A présenté à ce moment un peu de dysarthrie. Cette hémiplégie n'a laissé aucune trace.

Entré à Bicêtre dans la suite. En décembre 1899, nouvelle attaque de dysarthrie très accentuée, survenue sans perte de connaissance, sans paralysie, ni de la face, ni des membres. Perte du réflexe pharyngé. Tendance à pleurer.

Le 4 mars 1889, nouvelle hémiplégie gauche : la face et les membres sont pris, quoique incomplètement. Pas de troubles sensitifs, sens stéréognostique conservé, mais la température monte et le malade meurt après avoir présenté les signes d'une hémorragie cérébrale.

Autopsie. — Sur une coupe de Flechsig de l'hémisphère droit on voit en pleine couche optique, n'intéressant pas la capsule interne, un foyer d'hémorragie cérébrale gros comme une pièce de deux francs. Dans la partie moyenne du noyau lenticulaire droit se trouve une lacune de la grosseur d'un grain de chènevis remplie d'une substance colloïde.

Dans l'hémisphère gauche, on trouve à la base du noyau lenticulaire une autre lacune à parois lisses.

Observation II

Ben... a eu une attaque d'hémiplégie droite en 1874. A son entrée à Bicêtre, il ne présente aucune contracture : il se sert de ses membres supérieurs. Il marche mal, mais sans circumduction et sans raideur. Pas d'anesthésie. Les réflexes sont très exagérés.

Nouvelle attaque en novembre 1898, semble plongé dans un coma presque absolu sans hémiplégie vraie, gâtisme complet. Meurt en quelques jours.

Autopsie. — Hémisphère gauche : Petite lacune de la grosseur d'une lentille dans l'angle postérieur du noyau lenticulaire, une autre grosse comme une tête d'épingle dans la partie postéro-externe de la couche optique.

Hémisphère droit. Quelques lacunes dans le noyau lenticulaire et la couronne rayonnante.

Cervelet : Petite hémorragie de la grosseur d'un haricot siégeant dans la substance grise à droite.

Protubérance : Dans la moitié gauche se trouvent des lacunes.

OBSERVATION III

Ber... Mort à 61 ans en 1899.

Le malade accusait des ictus antérieurs depuis 1881, sans qu'on pût rien préciser chez lui, si ce n'est de l'exagération des réflexes tendineux.

Autopsie. — Hémisphère droit. Lacunes multiples miliaires dans le noyau lenticulaire et la couche optique.

Hémisphère gauche : Une lacune triangulaire coupant la capsule interne à sa partie supérieure au niveau du genou.

OBSERVATION IV

Boi..., mort à 61 ans.

Le malade a eu plusieurs ictus. Avant 1896, il a été hémiplégique gauche d'une façon complète et transitoire.

Entré à Bicêtre en 1896, il présente à ce moment une sorte de paraplégie des deux jambes. Il marche à très petits pas. Ses réflexes rotuliens sont exagérés. Il n'a jamais eu d'aphasie.

En juillet 1899, il a un ictus avec perte de connaissance, chute et aphasie. Il est du reste dans un coma presque absolu et il meurt en deux jours.

Autopsie. — Hémisphère gauche : Énorme hémorragie récente ayant pris naissance dans le noyau lenticulaire, ayant détruit les noyaux centraux et envahi le ventricule latéral.

Hémisphère droit : Foyer linéaire d'hémorragie ancienne, situé dans la capsule interne sur une longueur de un centimètre.

Protubérance : Plusieurs lacunes conglomérées à la partie moyenne de la région pyramidale.

OBSERVATION V

Brac..., mort à 59 ans.

En octobre 1895, première attaque d'apoplexie avec perte de connaissance tout à fait transitoire. Hémiplégie gauche légère et incomplète.

En mai 1896. 2ᵉ attaque. L'hémiplégie gauche qui avait déjà en partie rétrocédé n'est pas aggravée. Perte de connaissance transitoire. Exagération des réflexes rotuliens. Ne peut pas fermer isolément les yeux.

Le 26 mars 1900, meurt presque subitement d'une affection cardiaque.

Autopsie. — Hémisphère gauche. Lacune du volume d'un haricot situé au bord du noyau lenticulaire et empiétant sur le centre ovale. Une autre lacune en plein noyau lenticulaire.

Hémisphère droit : Une lacune du volume d'un gros pois débutant en haut au niveau de la tête du noyau caudé, passant obliquement dans la capsule interne qu'elle coupe à sa partie postérieure.

OBSERVATION VI

Chev..., mort à 75 ans.

En 1892, a eu un ictus avec perte de connaissance. Hémiplégie gauche incomplète avec un peu de dysarthrie. Ne peut marcher seul. Pas de contracture, mais très inhabile de sa main, légère circumduction de la jambe gauche, un peu dément.

Meurt de pneumonie double en 1898.

Autopsie. — Hémisphère droit : Lacune du segment externe et de la queue du noyau lenticulaire droit coupant la capsule interne presque entièrement au niveau de l'angle postérieur du noyau lenticulaire.

Observation VII

Col... Mort à 77 ans.

En 1894, début sans ictus pendant la nuit. Il se réveille hémiplégique gauche et ne s'est relevé que deux mois après, la motilité étant presque complètement revenue. En décembre 1897, nouvelle attaque du même genre. Peu de dysarthrie, dysphagie assez prononcée. Aucune contracture.

Entre à Bicêtre en juin 1899. Pas d'hémiplégie prononcée, ne peut fermer les yeux isolément. Langue peu déviée. Marche à petits pas. Les réflexes tendineux sont très exagérés aux 4 membres. Meurt en août 1899.

Autopsie. — Hémisphère droit (Coupe de Flechsig) : très petites lacunes multiples dans le noyau lenticulaire, sont plutôt des dilatations vasculaires. Sur une coupe à 2 centimètres au-dessus, 2 lacunes dans la queue du noyau lenticulaire, une autre dans le noyau caudé et une lacune kystique dans la substance blanche

Hémisphère gauche (Coupe Sagittale) : Trois lacunes dans le noyau lenticulaire et d'autres dans le centre ovale.

Protubérance ; une lacune au niveau de la partie inférieure dans la moitié droite.

Peu de dilatation ventriculaire. Peu d'épaississement de la pie-mère.

Observation VIII

Cos... Mort à 66 ans.

En 1894, hémiplégie droite sans perte de connaissance et sans aphasie.

Entre à Bicêtre en 1898. L'hémiplégie est à peine appréciable. Les réflexes sont un peu forts partout aux poignets et aux genoux. Le malade pleure facilement : il est un peu dément. Meurt quelques mois après.

Autopsie. — Hémisphère droit ; une grosse lacune du volume d'un haricot dans la tête du noyau caudé. Partout et dans l'hémisphère gauche aussi les vaisseaux sont dilatés et béants.

Observation IX

Dal... Mort à 78 ans.

Pas de renseignements antérieurs à son entrée à Bicêtre, 5 novembre 1899. Ce jour-là, il est pris d'un ictus en buvant son café, perd connaissance et reste dans un coma incomplet. Hémiplégie droite, réflexes rotuliens forts des deux côtés. Signe de Babinski à gauche. Meurt avec une pneumonie.

Autopsie. — Hémisphère gauche (Coupe de Flechsig). Hémorragie récente dans la portion moyenne et externe du noyau lenticulaire empiétant sur la capsule externe, un peu plus haut, elle coupe la capsule interne, quelques lacunes dans le noyau lenticulaire.

Hémisphère droit : Quelques lacunes dans la couche optique.

Observation X

Del... Mort à 73 ans.

Entre à Bicêtre en décembre 1896. Il n'a jamais eu de paralysie à proprement parler, cependant depuis 18 mois progressivement il perd la mémoire, avale souvent de travers, myosis double. La parole est très nasonnée. Il marche à petits pas. Meurt en 1899.

Autopsie. — Hémisphère gauche (Coupe Sagittale). Nombreuses lacunes de la grosseur d'un grain de chénevis à une lentille dans le noyau lenticulaire et la substance blanche sous-jacente.

Hémisphère droit : Nombreuses lacunes miliaires dans les noyaux centraux.

Observation XI

Dén... Mort à 67 ans.

En 1889, il a été tout à coup paralysé des deux jambes. Un an après, sans nouvelle attaque, la parole a été prise.

En 1893, nouvel ictus sans apoplexie : on l'a ramené à Bicêtre où il était déjà hospitalisé. Il a eu de la dysarthrie et de la dysphagie. Pas de paralysie appréciable des membres supérieurs. La marche à petits pas est très prononcée : le côté gauche semble un peu plus faible mais on ne peut pas dire qu'il y ait hémiplégie gauche. Les réflexes rotuliens sont exagérés et il existe du clonus du pied des deux côtés. En 1897, le malade tombe dans un demi-coma persistant, s'affaiblit et meurt de pneumonie.

Autopsie. — Lacunes généralisées dans les 2 hémisphères surtout noyau lenticulaire, couche optique et capsule externe.

Ramollissement ancien du cervelet ayant pris un aspect lacunaire et siégeant dans le lobe gauche au niveau de la moitié postérieure allant du noyau denté au bord postérieur du cervelet.

OBSERVATION XII

Dev... Mort à 71 ans.

En 1897, a eu un ictus sans perte de connaissance pendant qu'il était à table à déjeuner, il est tombé sur le côté gauche et est resté deux mois sans marcher.

Entre à Bicêtre en 1898. N'a pas d'hémiplégie, pas de dysphagie, ni de dysarthrie. Les réflexes tendineux sont cependant plus forts à gauche qu'à droite. Il marche à petits pas et vacille en faisant demi-tour. Tendance à pleurnicher. Mort en 1898.

Autopsie. — Quelques très petites lacunes dans le noyau lenticulaire et la commissure antérieure de l'hémisphère droit.

Protubérance : Lacune du volume d'un gros grain de chènevis dans la moitié droite de la protubérance en plein faisceau pyramidal.

OBSERVATION XIII

Dew... Mort à 72 ans.

Jadis il avait reçu une balle de revolver dans la région lombaire (Observation publiée à ce sujet dans la thèse de Chipault).

En 1899, on l'observe dans un demi-coma à peu près complétement gâteux, sans aphasie, sans dysphagie, sans hémiplégie quoique le côté gauche paraisse un peu moins fort que le côté droit. Il marchait avec des béquilles mais à très petits pas. Les réflexes sont plutôt diminués. Meurt en 1899.

Autopsie. — Hémisphère droit : Lacunes multiples dans le noyau lenticulaire dont deux sont du volume d'un haricot, les autres plus petites : l'une d'elles déborde sur la substance blanche.

Hémisphère gauche : dans la queue du noyau lenticulaire deux lacunes en forme de fente. Sur une coupe à 8 mm. au-dessous de la coupe de Flechsig on voit une lacune triangulaire dans le noyau lenticulaire atteignant la capsule externe sans la léser. La capsule interne n'est touchée nulle part.

Observation XIV

Dho... Mort à 70 ans.

Il avait eu de fréquentes attaques apoplectiformes et même des attaques épileptiformes. Le 24 mai 1897, nouvel étourdissement, marche très difficilement et à petits pas, un peu de dysarthrie. Pas d'hémiplégie manifeste. Pas d'exagération des réflexes. Meurt en 1897.

Autopsie. — Hémisphère gauche : Hémorragie récente dans le lobe frontal au voisinage de la frontale ascendante.

Hémisphère droit : Plusieurs lacunes.

Une lacune dans la protubérance.

Observation XV

Dum... Mort à 72 ans.

Hémiplégie droite ancienne datant au moins de 1881. Doigts de la main droite contracturés en flexion. Coude contracturé en extension. Contracture du membre inférieur droit. Réflexes tendineux exagérés aux 4 membres mais surtout du côté droit. Mort en 1898.

Autopsie. — Hémisphère gauche : ancienne hémorragie très volumineuse ayant détruit complètement le noyau lenticulaire mais ne touchant la capsule interne qu'à sa partie postérieure :

Hémisphère droit : Quelques petites lacunes dans le noyau lenticulaire

— 143 —

Observation XVI

Erh..., mort à 75 ans.

En 1896, attaque d'hémiplégie droite sans aphasie. En 1897 ou 98, une 2ᵉ attaque d'hémiplégie gauche avec dysarthrie.

Entre à Bicêtre en 1898. L'hémiplégie est à peine appréciable. Il ferme bien isolément les deux yeux, la marche à petits pas est typique. Il se sert de deux cannes pour se soutenir. Rire spasmodique. Réflexes tendineux forts des deux côtés, davantage à gauche. Réflexes pharyngé très diminué. Mort en 1899.

Autopsie. — Hémisphère droit : Lacunes très petites et nombreuses siégeant presque exclusivement dans le segment externe du noyau lenticulaire.

Hémisphère gauche : Dans le noyau lenticulaire, il y a une lacune de la grosseur d'une lentille et quelques lacunes miliaires.

Les ventricules sont assez dilatés.

Observation XVII

Fa..., mort à 68 ans.

En 1895, hémiplégie gauche avec trouble de la parole.

Entre à Bicêtre en 1899 et tombe malade le jour même de son entrée. Perd connaissance et présente des crises d'épilepsie jacksonienne du côté droit. Meurt en 48 heures le 11 mai 1899.

Autopsie. — Hémisphère droit intact.

Hémisphère gauche : Petites lacunes dans le noyau lenticulaire, ne touchent pas la capsule interne. Une autre coupe la capsule interne, atteint la tête du noyau caudé et devient sous-épendymaire. Il existe de plus un ramollissement limité dans le fond de la scissure calcarine.

Observation XVIII

Feh..., mort à 78 ans.

Début brusque le 11 février 1900 par un ictus sans perte de connaissance. n'a pu quitter son lit ensuite. Hémiplégie droite très prononcée n'atteignant cependant pas la face. Il ne peut se tenir debout, non seulement par paralysie mais par abasie. Le sens stéréognostique est aboli. Il y a dysarthrie sans aphasie. Œdème unilatéral à droite.

Les mouvements reviennent peu à peu et le 15 mars le malade se sert de ses deux mains, les réflexes s'exagèrent à droite surtout. Il se plaint de nouveaux vertiges. Mort dans le coma le 25 mars 1900.

Autopsie. — Hémisphère gauche : Lacune très récente qui coupe la partie postérieure de la capsule interne. Petite lacune miliaire dans la couche optique.

Protubérance : une lacune du côté droit à la région moyenne.

OBSERVATION XIX

Fre..., mort à 62 ans.

En 1892, il a un ictus avec perte de connaissance pendant 2 heures. Il se réveille hémiplégique du côté droit mais il peut très bien parler. En 1896, nouvel ictus ayant amené la perte de la parole pendant plusieurs mois.

Entre à Bicêtre en 1897. Il est un peu hémiplégique droit n'ayant de contracture qu'au niveau du pouce. Il a encore un peu de dysarthrie. Il marche en fauchant.

Le 4 janvier 1899, nouvel ictus avec perte de connaissance et coma. Hémiplégie droite complète avec exagération des réflexes. Mort en quelques jours.

Autopsie. — Hémisphère gauche : Hémorragie récente englobant tout le segment externe du noyau lenticulaire. La capsule interne est en partie détruite. Cette hémorragie masque certainement la lésion ancienne de l'hémisphère gauche.

Hémisphère droit. Il existe une lacune grosse comme la moitié d'un haricot au dessus du noyau lenticulaire. Elle coupe la capsule interne.

Observation XX

Gra... Les renseignements cliniques manquent complètement, on sait seulement que le malade était complètement gâteux, sans paralysie appréciable et sans démence.

Autopsie. — Etat vermoulu des pôles temporal et frontal. Diminution de volume du cervelet, de la protubérance et de la moelle.

Hémisphère gauche : Une grosse lacune dans la portion externe du noyau lenticulaire, elle a le volume d'un haricot, coupe la partie antérieure de la capsule interne, et atteint la tête du noyau caudé.

Hémisphère droit : Il existe deux ou trois petites lacunes dans la couche optique et le centre ovale.

Protubérance : Il existe une petite lacune dans la partie motrice de la protubérance du côté droit.

Observation XXI

Hol..., mort à 50 ans.

En 1889, a eu une paralysie dont on ne peut préciser exactement le siège et qui l'a empêché de travailler pendant 5 mois.

Entre à Bicêtre vers 1892 ou 93 et n'était pas paralysé.

En 1899, il a un ictus le 30 juin sans perte absolue de connaissance, il semble plus faible du côté gauche et les réflexes sont exagérés de ce côté gauche. Meurt le 4 juillet dans le coma.

Autopsie. — Hémisphère droit. Une lacune de la grosseur d'une lentille dans la partie inférieure du noyau lenticulaire au niveau de son angle interne.

Une petite hémorragie s'étend entre l'insula et les noyaux centraux prenant la tête du noyau caudé et coupant la capsule externe. D'anciennes lacunes s'étendent de la couche optique à la capsule interne.

Hémisphère gauche. On trouve un foyer linéaire au niveau de la partie postérieure du noyau lenticulaire.

OBSERVATION XXII

Fal..., mort à 76 ans.

Aucun renseignement sur la santé antérieure. Le 1ᵉʳ octobre 1899, il a un ictus sans perte de connaissance, puis deux autres ictus dans la même journée, et il est plongé depuis le dernier dans un coma absolu. L'hémiplégie est surtout droite. Les réflexes sont abolis des deux côtés. Aphasie complète. Mort le 3 octobre.

Autopsie. — Hémisphère gauche. Hémorragie de 5 cm. de long sur 3 de large, ayant pris naissance dans le noyau lenticulaire.

D'anciennes lacunes se voient dans les parties respectées du noyau lenticulaire.

Hémisphère droit : Lacunes nombreuses dans le segment externe du noyau lenticulaire.

Protubérance. Une grosse lacune du volume d'un pois se voit dans la partie moyenne de la protubérance du côté gauche.

OBSERVATION XXIII

Fo..., mort à 63 ans.

En 1895, il a eu une attaque avec perte de connaissance incomplète et très brève. Il n'a pas eu d'hémiplégie des membres mais la face aurait été prise du côté droit. Depuis ce temps, il bégaie sans avoir de l'aphasie vraie. Il marche à petits pas. Les réflexes rotuliens sont très exagérés des deux côtés. Par moments, il est gâteux. Il meurt en 1898.

Autopsie. — Dans les deux hémisphères, il y a de nombreuses lacunes, à gauche, l'une d'elles de la grosseur d'un haricot occupe la partie postérieure du noyau lenticulaire et s'avance dans la capsule interne.

OBSERVATION XXIV

Lef..., mort à 58 ans.

En 1892, il a eu un ictus pendant son sommeil. Il s'est réveillé hémiplégique du côté droit et presque complètement aphasique.

L'amélioration survenait progressivement. En 1895, il a eu un second ictus également pendant le sommeil.

Entré à Bicêtre en 1895. Les réflexes du côté droit sont exagérés. Il y a peu de dysarthrie. Il est gâteux. Il meurt en octobre 1898.

Autopsie. — Hémisphère gauche : Lacunes multiples et assez grosses dans le segment externe du noyau lenticulaire remontant jusqu'à la partie tout à fait supérieure. Nombreuses lacunes dans la tête du noyau caudé.

Hémisphère droit : Lacunes dans la partie externe du noyau lenticulaire.

Un peu de dilatation ventriculaire.

OBSERVATION XXV

Lev... En 1890, il a eu une hémiplégie droite survenue sans perte de connaissance. Il n'a pas conservé de contracture et cependant il marche avec circumduction. Les réflexes sont exagérés du côté droit. Pendant 15 jours, il a eu de l'aphasie. Il parle presque bien en 1896. Il ne peut fermer l'œil droit isolément. Il meurt le 2 novembre 1897.

Autopsie. — Hémisphère gauche. Ramollissement cortical ayant détruit le gyrus supramarginalis et plusieurs circonvolutions temporales.

Hémisphère droit : Quelques lacunes dans le corps calleux et le splénium.

OBSERVATION XXVI

Laq..., mort à 65 ans.

Peu de renseignements. Le malade avait une hémiplégie droite avec contracture, une hémiatrophie de la langue à gauche et de l'anarthrie.

Autopsie. — On a trouvé une lacune coupant la partie postérieure de la capsule interne gauche et des lacunes multiples dans les deux noyaux lenticulaires.

Observation XXVII

Ma..., mort à 75 ans.

Le malade est entré à Bicêtre en 1894. Il n'avait jamais eu d'ictus. En 1899, il marche à très petits pas, parle en bafouillant mais ne présente pas trace d'hémiplégie ni ancienne ni récente.

Le 30 novembre 1899, il devient dément, il est gâteux et s'affaiblit depuis quelque temps, sans ictus. Survient une hémiplégie droite incomplète, la langue est déviée à gauche. Les réflexes rotuliens sont forts. Il meurt le 1er décembre 1899.

Autopsie. — Hémisphère gauche. État vermoulu de la première temporale et du pôle temporal. Amincissement du corps calleux. Atrophie des noyaux centraux. Ancienne lacune sur la face antéro-interne de la tête du noyau caudé dans la couche optique et le noyau lenticulaire.

Hémisphère droit (Coupe sagittale). Lacune à l'union de la tête du noyau caudé avec le corps ; un vaisseau parcourt cette lacune et il est perméable.

Observation XXVIII

Mon... Pas d'observation clinique. On sait seulement qu'il était dément et gâteux.

Autopsie. — Hémisphère droit. Énorme hémorragie ayant détruit le noyau lenticulaire et inondé le ventricule.

Hémisphère gauche. Lacunes multiples dans le noyau lenticulaire et la couche optique.

Protubérance. Lacunes multiples en différents points.

Observation XXIX

Mar... En 1894, il a eu un ictus sans perte de connaissance et a été paralysé du côté droit mais très incomplètement.

Il avait de la paraplégie spasmodique bilatérale très prononcée avec exagération des réflexes, aussi marchait-il très mal.

Autopsie. — Hémisphère gauche. Quelques lacunes au niveau de la couche optique et empiétant sur la capsule interne.

Hémisphère droit : Quelques lacunes aussi dans la couche optique et dans le genou du corps calleux. Toutes les lacunes sont très petites.

Observation XXX

Me..., mort à 73 ans.

En 1898, il a eu pendant une marche un ictus sans perte de connaissance. Il est tombé mais n'a pas été paralysé d'aucun côté.

Entré à Bicêtre en 1899. Il marche à petits pas. Les réflexes tendineux sont exagérés des deux côtés. Sa langue n'est pas déviée.

Autopsie. — Hémisphère droit : Énorme hémorragie dans le noyau lenticulaire ayant amené une mort presque subite.

Hémisphère gauche. Plusieurs lacunes dans le noyau lenticulaire, quelques-unes sont colorées par le pigment sanguin.

Observation XXXI

Meu...., en 1894, au moment d'un repas, il a eu un ictus sans perte de connaissance. Il est resté deux mois sans pouvoir marcher avec une hémiplégie droite. Il entre à Bicêtre vers 1896, et ne présente à ce moment aucune hémiplégie. Le réflexe pharyngé est très diminué : les réflexes tendineux sont très exagérés à droite.

Il meurt en 1900 à la suite d'une broncho-pneumonie.

Autopsie. — Hémisphère gauche : Il existe une lacune triangulaire de la grosseur d'une très grosse lentille occupant tout l'angle postérieur du noyau lenticulaire contigu à la capsule interne et à la capsule externe et n'intéressant ni l'une ni l'autre.

Hémisphère droit : Les vaisseaux des noyaux centraux sont seulement un peu dilatés.

Observation XXXII

Nih..., mort à 63 ans.

En 1885, il a eu un ictus survenu brusquement avec perte de connaissance. Il est resté trois mois hémiplégique droit et aphasique. Il est entré ensuite à Bicêtre où il a eu en 1893 un nouvel ictus

Il marche à petits pas. Les réflexes sont très exagérés aux deux jambes et un peu au bras. La langue est déviée à gauche. Il n'a plus de dysarthrie. Il meurt albuminurique en 1897 avec de la dyspnée et de l'œdème généralisé.

Autopsie. Hémisphère gauche : il existe une lacune dans la tête du noyau caudé. Plusieurs autres dans la capsule externe, le noyau lenticulaire et la couche optique.

Protubérance : Une grosse lacune du côté droit près de la ligne médiane à égale distance entre la face antérieure et la face postérieure. Il existe aussi quelques petites lacunes disséminées.

OBSERVATION XXXIII

Mi..., mort à 60 ans.

En 1895, il a eu un ictus sans perte de connaissance à la suite duquel il est resté quelque temps hémiplégique du côté gauche.

En 1896, il est entré à Bicêtre. Il ne porte plus de trace de son hémiplégie gauche sauf une assez grande exagération des réflexes rotuliens de ce côté.

Il n'a aucune contracture mais peut-être un peu de dysarthrie.

Il meurt en 1899.

Autopsie. — Hémisphère droit. Une lacune de la grosseur d'un haricot a détruit la queue du noyau lenticulaire. Elle a envahi la substance blanche située en arrière et en dedans contiguë à l'épendyme ventriculaire et à la capsule externe.

Hémisphère gauche : Ne présente aucune lésion.

La dilatation ventriculaire est manifeste.

OBSERVATION XXXIV

Papil.... mort à 73 ans.

En 1889, il a eu un ictus avec perte de connaissance qui a duré 4 jours. Pendant 10 jours ensuite, il est resté hémiplégique droit et aphasique. Il avait de la dysphagie, puis il a commencé à marcher et à parler.

Il entre à Bicêtre en 1891. Il n'a pas de contracture. Les réflexes rotuliens sont un peu exagérés. Le réflexe contro-latéral des adducteurs est plus marqué à droite qu'à gauche. Il peut fermer isolément les yeux. Il meurt en 1898.

Autopsie. — Hémisphère droit : Petit foyer ocreux de la grosseur d'un petit haricot dans la couche optique.

Hémisphère gauche : Un foyer dans l'extrémité antérieure du noyau lenticulaire gauche.

OBSERVATION XXXV

Pel.... mort à 76 ans.

En 1895, il a eu un ictus sans perte de connaissance, une hémiplégie gauche incomplète et transitoire. La jambe gauche surtout était prise. Il n'a rien eu dans les membres supérieurs.

En 1899, il rentre à l'Infirmerie de Bicêtre complétement gâteux et meurt en quelques jours.

Autopsie. — Hémisphère droit : Il y a quelques lacunes miliaires dans la partie postéro-externe du noyau lenticulaire : l'une d'elles intéresse la capsule interne. Les vaisseaux sont très saillants.

Hémisphère gauche (Coupe sagittale). Pas de lacunes, mais les vaisseaux sont dilatés. Les ventricules sont très dilatés.

Protubérance : Une petite lacune dans la partie droite.

OBSERVATION XXXVI

Pro.... mort à 65 ans.

Peu de renseignements. En 1897, il a eu une hémiplégie droite. Il meurt en 1898, emporté en 48 heures dans le coma à la suite d'un ictus brusque.

Autopsie. — Hémisphère gauche : Hémorragie récente dans le lobe temporal gauche. Lacunes dans la couche optique et le noyau lenticulaire.

Hémisphère droit : Petits foyers hémorragiques anciens dans le noyau lenticulaire.

Observation XXXVII

Pru.... mort à 65 ans.

Il avait eu deux ou trois ictus sans perte de connaissance qui avaient précédé son entrée à Bicêtre. Il y était arrivé en 1897 et était gâteux. Cependant il marche depuis son séjour à Bicêtre et s'est même perdu dans Villejuif. Amnésies fréquentes. Il marche à petits pas et très lentement.

En 1898, étant assis sur son lit, il tombe sans connaissance et reste dans le coma. Il est hémiplégique droit avec hémianopsie droite. Il meurt en deux jours.

Autopsie. — Hémisphère gauche : hémorragie récente et volumineuse détruit la couche optique, ne pénétrant pas cependant dans le ventricule mais détruisant la capsule interne. Une lacune récente se trouve en dehors de la tête du noyau caudé.

Hémisphère droit : plusieurs lacunes au niveau du noyau lenticulaire.

Observation XXXVIII

Qua..., mort à 71 ans.

En 1893, il a eu son premier ictus et depuis cette époque il en a chaque année sauf en 1896, année où il en eut trois. Ils sont de courte durée et il ne perd pas connaissance.

En 1897, il entre à Bicêtre et ne présente pas de paralysie appréciabl. Il marche sans traîner trop les pieds mais il est un peu dément et il a de la peine à s'exprimer, un certain degré de dysarthrie. Il meurt en 1898.

Autopsie. — Hémisphère droit : on y voit un ramollissement du lobe temporal et du gyrus supramarginalis déjà assez ancien.

Hémisphère gauche : état vermoulu du cerveau. Lacunes multiples et confluentes ayant presque complètement détruit le noyau lenticulaire.

Observation XXXIX

Rag..., mort à 70 ans.

Il est entré à Bicêtre en 1890 pour son âge.

En 1896, il est pris pendant la nuit d'un ictus sans perte de connaissance. Le lendemain, on s'aperçoit qu'il est nettement hémiplégique du côté droit, du reste cette hémiplégie ne dure pas et au bout de quelques jours il quitte l'infirmerie. Il n'a jamais eu de troubles de la parole. Il meurt en 1897.

Autopsie. — Hémisphère droit. Lacunes multiples dans le noyau lenticulaire, la couche optique et le noyau caudé et dans les irradiations blanches au-dessus du noyau lenticulaire (Coupe sagittale).

Hémisphère gauche. Ramollissement limité du lobe pariétal et du gyrus supramarginalis respectant une partie du pli courbe.

Les radiations optiques sont coupées ; par contre vers la surface de l'écorce, les circonvolutions ne sont pas complètement ramollies.

Observation XL

Rau, peu de renseignements.

Un premier ictus en 1895. Trois autres depuis. Il n'a pas d'hémiplégie notable quoique la force soit légèrement diminuée à droite. Passait pour un pseudo-bulbaire.

Autopsie. — Lacunes dans les deux noyaux lenticulaires, n'intéressant pas la capsule interne. A gauche existe un foyer ancien linéaire dans le noyau lenticulaire.

Observation XLI

Rem..., mort à 75 ans.

Peu de renseignements : était gâteux. Marchait à petits pas. N'avait pas d'hémiplégie évidente mais seulement les réflexes un peu exagérés à gauche. Meurt en 1898.

Autopsie. — Lacunes dans la tête du noyau caudé gauche. Ramollissement cortical du cervelet à gauche également.

Observation XLII

Rem..., mort à 67 ans.

Il entre à Bicêtre en 1897 sans jamais avoir été malade.

En 1898, il fait un ictus sans perte de connaissance, il est hémiplégique droit d'une façon d'ailleurs incomplète, les jambes peuvent remuer. Il est aphasique et hémianopsique. Il meurt en 4 mois en 1899, après être passé à la période de contracture.

Autopsie. — Hémisphère gauche : ramollissement très étendu de tout le territoire de la sylvienne, ancien et en voie de cicatrisation.

Hémisphère droit : Il y a une lacune de la grosseur d'un haricot qui coupe les radiations du corps calleux à la partie moyenne de la face supérieure de cet organe. Il en existe une autre dans la tête du noyau caudé.

Observation XLIII

Rou..., mort à 70 ans.

Il entre à Bicêtre en 1899 pour une affection cardiaque ; brusquement un matin, à l'occasion d'un effort, il perd connaissance et tombe. Revenu à lui, au bout d'une heure, il n'est pas hémiplégique, il ne peut marcher que si on le soutient et encore très lentement mais remue ses jambes seul. Les réflexes sont très exagérés surtout à droite.

Il meurt d'asystolie (insuffisance mitrale) quelques jours après.

Autopsie. — Hémisphère droit : lacune de la dimension d'une lentille dans la couche optique.

Cervelet : ramollissement de l'hémisphère droit.

Observation XLIV

Jah..., mort à 63 ans.

On n'a pas d'observations antérieures sur le malade.

Il est entré à Bicêtre en 1890 pour des ulcères variqueux. En 1898, il devient gâteux. En mai 1899, il a un ictus survenu le soir avec perte de connaissance. Il est hémiplégique droit, aphasique, dans le coma presque complet et il meurt avec escharre en mai 1899.

Autopsie. — Hémisphère gauche : hémorragie récente dans le centre ovale, elle n'est pas très volumineuse mais elle a cependant atteint le ventricule.

Hémisphère droit : plusieurs lacunes du volume d'un grain de millet à une lentille dans l'intérieur du noyau lenticulaire ; une autre dans la couche optique.

OBSERVATION XLV

Sau..., mort à 42 ans.

Le malade nie énergiquement la syphilis.

En 1895, étant cocher, a eu sur son siège un ictus sans perte de connaissance. Il a pu ramener son cheval au dépôt et rentrer à pied chez lui. Il n'a pas eu d'aphasie vraie, mais la parole un peu embrouillée. Il entre à Bicêtre en 1899. Il n'a pas de contracture, cependant il ne peut boutonner un bouton avec sa main droite et il marche avec une forte circumduction. Les réflexes rotuliens sont très exagérés surtout du côté droit. Diminution de la mémoire. Il meurt la même année.

Autopsie. — Hémisphère gauche : il existe un foyer lacunaire ancien et peu volumineux gros comme un haricot sur le bord externe de la couche optique. Le foyer intéresse la capsule interne. Quelques lacunes miliaires dans la partie antérieure du noyau lenticulaire. Une lacune ancienne dans la tête du noyau caudé.

Hémisphère droit : un peu de dilatation des vaisseaux et des espaces périvasculaires.

OBSERVATION XLVI

Sch..., mort à 76 ans.

En 1865, il a eu un ictus sans perte de connaissance. L'hémiplégie droite est survenue progressivement et était complète au bout de 24 heures. Il entre à Bicêtre dans la suite en 1895. Les réflexes sont un peu exagérés aux 4 membres surtout à droite. Il y a de l'hé mianopsie à droite. Pas de troubles de la parole. Pas de contracture. Il meurt en 1899.

Autopsie. — Hémisphère droit : une lacune dans le noyau lenticulaire, une autre dans la tête du noyau caudé, coupe la capsule interne à sa partie antérieure.

Hémisphère gauche : une lacune dans la couche optique à l'angle postéro-externe, une autre dans la calotte du pédoncule cérébral gauche.

Dilatation ventriculaire très considérable.

Observation XLVII

Ser..., mort à 89 ans.

En 1891, il a eu un ictus sans perte de connaissance avec hémiplégie gauche : on le voit à Bicêtre en 1897. Il ne peut se tenir debout. Il peut remuer un peu les membres du côté gauche mais ses mouvements sont très limités. Les réflexes sont exagérés des deux côtés. Il avale de travers. Il est gâteux et presque dément, il peut cependant lire et écrire.

Il meurt de pneumonie en 1897.

Autopsie — Hémisphère droit : on voit quelques très fines lacunes dans le putamen et une plus volumineuse à la partie postérieure de la capsule interne. Les lacunes sont très peu étendues.

Les ventricules sont très dilatés.

Il y a des kystes des plexus choroïdes.

Observation XLVIII

Thi..., mort à 80 ans.

En février 1899. un matin, il est dans l'impossibilité de se lever : il est hémiplégique gauche, mais en quelques jours les mouvements reparaissent, la sensibilité est intacte. Les réflexes rotuliens sont très exagérés des deux côtés puis le 22 février, la situation empire, il y a de la paralysie faciale droite et des troubles de la parole. Le malade a l'air hébété.

Il meurt le 10 mars en quelques minutes.

Autopsie. — Hypertrophie considérable du cœur gauche et aortite athéromateuse.

Hémisphère droit : Il existe une lacune de la grosseur d'une noisette qui coupe la partie antéro-externe de la tête du noyau caudé. Elle est d'origine très récente, date d'un mois peut-être et est sous-épendymaire.

Des deux côtés, les ventricules sont très dilatés.

Observation XLIX

Tiss.... mort à 76 ans.

. Il entre à Bicêtre en 1899, n'ayant encore jamais eu d'attaque d'hémiplégie. Cependant, il marche à petits pas. Les réflexes rotuliens sont exagérés et ceux du poignet le sont aussi également des deux côtés. La parole est hésitante et monotone. Son observation porte : foyers lacunaires probables.

Trois mois après, il a un ictus avec perte de connaissance et on le transporte à l'infirmerie où il meurt dans le coma après avoir présenté des attaques d'épilepsie jacksonnienne.

Autopsie. — Rein, petit, contracté, rouge. — Volumineux kyste du rein droit. Foie, cirrhose annulaire.

Hémisphère gauche. Énorme foyer d'hémorragie récente et terminale ayant séparé les noyaux centraux de tout ce qui se trouve en dehors sans cependant inonder les ventricules. Quelques lacunes miliaires dans le noyau lenticulaire.

Il n'y a rien dans l'hémisphère droit sauf un peu d'atrophie sénile des circonvolutions.

Les ventricules sont peu dilatés.

Observation L

Tou..., mort à 76 ans.

On sait seulement que le malade était gâteux. En février 1899, il entre à l'infirmerie dans un demi-coma dont il est difficile de le tirer. Il est incomplètement paralysé du côté droit. Il meurt en 18 heures.

Autopsie. — Hémisphère droit : lacunes dans le noyau lenticulaire : l'une d'elles a une coloration ocreuse et ressemble à une ancienne hémorragie petite et limitée.

Hémisphère gauche : hémorragie récente siégeant dans la substance blanche au-dessous des circonvolutions frontales.

OBSERVATION LI

Tron...., mort à 52 ans.

Il a une première attaque en février 1895 sans perte de connaissance. Il en a une deuxième au mois de juin de la même année et n'a pas repris son travail depuis. Enfin une troisième attaque au mois d'octobre de la même année à la suite de laquelle il a eu des troubles de la parole.

Il entre à Bicêtre en 1896 et ne présente aucune paralysie appréciable. Il rit, il pleure sans cesse. Il parle comme un paralytique général. Les réflexes rotuliens sont abolis. Il n'y a pas d'inégalité pupillaire. Il est complètement gâteux. Il meurt la même année.

Autopsie. — Il existe des lacunes multiples dans les deux hémisphères. Les pièces ont été jetées et leur description exacte manque.

OBSERVATION LII

Tro..., mort à 60 ans.

En 1891, il a eu un ictus subit sans perte de connaissance. Il est resté deux mois hémiplégique gauche avec des troubles de la parole. Il entre à Bicêtre en 1896. Il a encore des troubles de la déglutition et un peu de contracture du membre supérieur gauche. Il n'a pas de contracture de la jambe et ses réflexes rotuliens sont un peu exagérés. Il a par moments de la dysarthrie.

Il meurt en 1898.

Autopsie. — Hémisphère gauche (Coupe sagittale). Nombreuses lacunes dans le noyau caudé et la capsule interne. Elles sont très petites et semblent surtout des dilatations vasculaires.

Hémisphère droit : Il y a des lacunes très nettes dans la queue du noyau lenticulaire et quelques-unes très petites dans la couche optique.

Des deux côtés, la dilatation ventriculaire est très manifeste.

Observation LIII

Tre..., mort à 60 ans.

On a trouvé le malade sans connaissance dans la rue. Il est dans un coma presque complet. Il ne paraît pas très paralysé, cependant les membres du côté gauche sont un peu plus flasques que du côté droit. Les réflexes rotuliens existent. Il meurt dans le coma.

Autopsie. — Hémisphère gauche. Il existe une grosse lacune récente du volume d'une fève dans l'angle antéro-externe du segment externe du noyau lenticulaire coupant le tiers antérieur de la capsule interne et emplétant sur le noyau caudé, atteignant même la paroi du ventricule

Observation LIV

Vau...

Il a eu autrefois une hémiplégie gauche sur laquelle on n'a pas de renseignements. Les deux membres inférieurs sont contracturés et les réflexes rotuliens manquent. Le réflexe du poignet est plus fort à gauche.

Le malade accuse des troubles permanents de la déglutition et de la parole. La démence est assez accentuée. Il meurt en 1897.

Autopsie. — Lacunes dans les noyaux lenticulaires des deux hémisphères.

Observation LV

Ver..., mort à 62 ans.

Il avait eu une hémiplégie droite incomplète avec aphasie transitoire. Paralysie pseudo-bulbaire très marquée. Rire spasmodique. Mort en 1899.

Autopsie. — Lacunes multiples. L'une d'elles est un ancien foyer hémorragique dans le noyau lenticulaire gauche.

Observation LVI

Ei... En 1897, il a eu un ictus sans perte de connaissance. L'hémiplégie droite a été complète et deux jours après l'aphasie est apparue, six semaines après, il parlait et marchait.

Il entre à Bicêtre en 1898. Il marche en traînant un peu le pied droit. Il ne peut fermer l'œil droit isolément. La langue est un peu déviée à gauche. Les réflexes rotuliens et du poignet sont exagérés des deux côtés.

Au mois d'août 1900, sans ictus et sans perte de connaissance, il devient en quelques jours incapable de marcher, et il présente une hémiplégie gauche incomplète avec quelques troubles dysarthriques. Les réflexes sont forts. Il ne peut presque pas remuer le bras gauche mais le sens stéréognostique est nettement conservé. Il ne peut faire un pas et s'affaisse quand on le met debout. Un mois après, les mouvements sont revenus à tel point que le malade quitte l'infirmerie.

Le 1er janvier 1901, apoplexie subite. Coma et mort en 21 heures.

Autopsie. — Hémisphère droit, grosse hémorragie ayant détruit les noyaux centraux et causé la mort en quelques heures.

Hémisphère gauche. Ancienne hémorragie guérie dans l'angle interne du pulvinar atteignant la partie postérieure de la capsule interne : on y voit du pigment sanguin.

Dans le noyau lenticulaire du même côté, il y a une petite lacune.

Pas de lacune dans la protubérance.

Observation LVII

Feau..., mort à 69 ans.

Pas d'observation clinique.

Entre à Bicêtre le 22 mai 1900 et considéré comme sénile. Il devient grand gâteux au bout de quelques mois et meurt peu après.

Autopsie. — Hémisphère gauche. Une cicatrice linéaire d'une longueur de 1 cm. coupe la largeur de la couche optique sans atteindre la capsule : on y voit l'hématoïdine qui la colore : c'est certainement une cicatrice d'hémorragie. Elle s'étend en haut en se rapprochant du ventricule et devient même sous épendymaire.

Le cerveau est petit : les circonvolutions sont un peu atrophiées ainsi que le corps calleux.

La pie-mère est opaque dans la région des circonvolutions motrices. Les ventricules sont très dilatés. Les plexus choroïdes ont une apparence kystique.

OBSERVATION LVIII

Gob..., mort à 62 ans.

En 1891, il a eu un ictus avec perte de connaissance à la suite duquel il aurait été hémiplégique gauche.

Il entre à Bicêtre en 1899. Les mouvements sont possibles à gauche mais un peu restreints dans leur amplitude. La bouche est un peu déviée à gauche et il parle surtout avec la partie droite des lèvres. Les réflexes sont forts des deux côtés.

Il meurt quelques jours après son entrée.

Autopsie. — Hémisphère droit : lacunes multiples très petites. Ce sont presque uniquement des dilatations vasculaires dans le noyau lenticulaire droit.

Hémisphère gauche : les lacunes sont un peu plus larges, il en existe dans le noyau lenticulaire et dans la couronne rayonnante.

OBSERVATION LIX

Hab..., mort à 65 ans.

Le malade avait été amputé de la jambe droite.

Il entre à Bicêtre en 1897 et souffre de crises d'angines de poitrine. Il est syphilitique et présente une lésion syphilitique du testicule droit. Les réflexes sont un peu exagérés des deux côtés. Pas d'autres renseignements cliniques.

Il meurt en 1901.

Autopsie. — Il y a des lacunes dans le segment externe du noyau lenticulaire. Il y en a aussi d'abondantes conglomérées dans la substance blanche entre le noyau lenticulaire et les circonvolutions.

OBSERVATION LX

Hou..., mort à 57 ans.

En 1896, le malade a eu un ictus avec perte de connaissance pendant deux jours. Il s'est réveillé hémiplégique droit, la parole était embarrassée, cependant il ne lui a jamais été impossible de se faire comprendre. Il a eu la syphilis à l'âge de 25 ans.

Il entre à Bicêtre en juin 1898. Il a le masque facial d'un parkinsonien mais n'a cependant aucun tremblement. Il ne peut fermer les yeux isolément. Le réflexe pharyngé est diminué. Les réflexes rotuliens et ceux du poignet sont très exagérés. Des deux côtés, les réflexes contro-latéral des adducteurs existent. La démarche se fait à petits pas d'une façon un peu pesante et spasmodique.

Il meurt le 20 juillet 1900 sans avoir été revu.

Autopsie. — Hémisphère gauche : ramollissement récent ayant entraîné la mort et occupant surtout le lobe frontal.

Hémisphère droit : une petite lacune occupe l'extrémité inférieure du noyau lenticulaire. Les vaisseaux de ce noyau sont tous un peu béants.

OBSERVATION LXI

Lo.... mort à 66 ans.

En 1896, il a eu un ictus sans perte de connaissance pendant son travail. Il est resté huit mois hémiplégique gauche sans pouvoir marcher.

Il entre à Bicêtre en 1898. Il ne présente aucune contracture et marche en traînant seulement un peu la jambe gauche. Il n'a aucun trouble de la parole et se sert assez bien de sa main gauche. Il peut boutonner un bouton. Pas de réflexe pharyngé mais le sens stéréognostique est conservé.

Il meurt le 15 décembre 1900.

Autopsie. — Hémisphère droit : il existe dans la capsule externe un ancien foyer hémorragique linéaire cicatrisé sans formation kystique d'une longueur de 2 cm. Ce foyer s'étend très peu en bas mais en avant jusqu'à la pointe du ventricule.

Hémisphère gauche : il existe quelques lacunes très petites dans le segment externe du noyau lenticulaire.

L'insula présente l'état criblé.

Protubérance : il y a une lacune dans le faisceau moteur du côté gauche.

Un peu d'atrophie des circonvolutions et d'épaississement de la pie-mère crânienne. Les ventricules sont modérément dilatés.

OBSERVATION LXII

Mat..., mort à 69 ans.

En 1899, il a eu un ictus sans perte de connaissance. Il a senti une faiblesse dans les deux jambes. Il a pu cependant continuer à marcher, mais il tombait souvent. Il a eu en même temps quelques troubles dysarthriques.

Il entre à Bicêtre en juin 1900. Il marche à très petits pas en tâtonnant un peu. Il n'est pas paralysé à proprement parler. Les réflexes tendineux sont tous exagérés, mais particulièrement plus forts à gauche. La parole est nasonnée et légèrement explosive. Le réflexe pharyngé est perdu. La langue n'est pas déviée. Il avale fréquemment de travers. Il devient gâteux et dément et meurt en novembre 1900.

Autopsie. — Il existe de nombreuses lacunes dans les deux hémisphères, au niveau des noyaux lenticulaires, des couches optiques et de la capsule interne.

Cervelet : un petit infarctus hémorragique récent dans le lobe gauche en arrière du noyau denté.

Les ventricules sont très dilatés. La pie-mère est opaque.

Les méninges rachidiennes sont adhérentes au périoste au niveau de la colonne cervicale.

Le cœur pèse 310 gr. Il est normal et souple sans l... n valvulaire. Le foie pèse 1280 gr., il est normal. Le rein e... at et contracté, il pèse 80 gr. L'aorte est souple sans plaque d'athérome.

Observation LXIII

Mar... Le malade était ataxique depuis 1892 et présentait tous les signes classiques du tabes vulgaire.

Il meurt brusquement le 2 décembre 1900.

Autopsie. — Hémisphère gauche : une grosse hémorragie ayant déterminé la mort a détruit la substance blanche du lobe pariétal et du lobe temporal.

Hémisphère droit : il existe une lacune dans la couche optique et une autre dans le segment externe du noyau lenticulaire.

La moelle présente les lésions classiques du tabes.

Observation LXIV

Mop.... mort à 74 ans.

En 1898, le malade a eu un ictus sans perte de connaissance. En travaillant il devint hémiplégique droit. Depuis ce moment, il a eu plusieurs ictus du même genre amenant une impotence fonctionnelle incomplète et transitoire.

Il entre à Bicêtre en 1900. Il est très incomplètement hémiplégique : il déboutonne difficilement un bouton. Il marche à petits pas et même avec une instabilité plus grande qu'en général. Les réflexes sont un peu exagérés : celui du poignet droit est plus fort que le gauche. Il avale souvent de travers. La parole est un peu précipitée et monotone.

Il meurt le 27 juillet 1900, de broncho-pneumonie.

Autopsie. — Hémisphère droit. Dans la couche optique se trouve une lacune pleine de magma grisâtre et dans la capsule externe s'en trouve une autre qui est sans doute une ancienne hémorragie. Etat criblé à la partie postérieure de la substance blanche.

Protubérance : lacunes multiples et conglomérées dans la moitié gauche de la protubérance à sa partie moyenne.

Observation LXV

Nou... En 1891, le malade a eu un ictus sans perte de connaissance. Par la suite, il a éprouvé une grande difficulté à marcher sans remarquer qu'il fût paralysé.

Il entre à Bicêtre en 1896. Il marche un peu lourdement en traînant un peu la jambe gauche. Les réflexes tendineux sont exagérés aux quatre membres. Il meurt en janvier 1901.

Autopsie. — Hémisphère droit. Quelques lacunes dans le segment externe du noyau lenticulaire et une dans la couche optique.

Hémisphère gauche. Dans l'angle postérieur du noyau lenticulaire se trouve une petite hémorragie linéaire de 7 millimètres n'atteignant pas la capsule interne.

Sur une coupe parallèle à la coupe de Flechsig, mais située plus bas, on constate l'existence d'une grosse lacune kystique du volume d'un gros pois et contenant un vaisseau perméable. Elle siège dans la partie moyenne du noyau lenticulaire. Tout autour le tissu semble sain.

Protubérance : dans le tiers supérieur, deux petites lacunes en plein faisceau moteur à gauche.

La dilatation ventriculaire est très marquée.

Les méninges sont très épaissies dans les deux tiers antérieurs du cerveau. Il y a un peu d'atrophie des circonvolutions.

Observation LXVI

Rou.... mort à 81 ans.

En 1895, le malade a été paralysé du bras gauche. La paralysie est survenue en quelques heures sans perte de connaissance. Deux ou trois jours après la jambe gauche se prenait à son tour également sans perte de connaissance et le malade était hémiplégique gauche.

Il entre à Bicêtre en 1896. Il se sert de son bras gauche mais incomplètement et avec maladresse ; il marche assez bien quoique la jambe gauche soit un peu incertaine dans ses mouvements.

Il n'a aucune contracture. Les réflexes tendineux sont très augmentés aux 4 membres, surtout à gauche. Il se plaint de céphalées et de vertiges constants. Il devient dément.

En 1900, il meurt asystolique.

Autopsie. — On trouve dans les deux hémisphères de petites lacunes miliaires dans la couche optique et le noyau lenticulaire.

Les circonvolutions sont un peu atrophiées.

Les ventricules sont considérablement dilatés.

Protubérance : à la partie inférieure, on trouve une petite hémorragie miliaire dans le faisceau moteur.

Observation LXVII

Vie... Pas d'observation clinique sur le malade. On sait seulement qu'il était grand gâteux.

Hémisphère droit : nombreuses lacunes dans le noyau lenticulaire et la couche optique.

Hémisphère gauche : il a été conservé entier sans être ouvert pour l'épaississement de la pie-mère qui est considérable dans tout le territoire de la sylvienne.

Le corps calleux est aminci.

Protubérance : quelques petites lacunes disséminées.

Observation LXVIII

Ad..., mort à 73 ans.

Il entre à Bicêtre en 1897 ne présentant à ce moment aucun signe d'affection ni aiguë ni chronique : on le considère simplement comme un vieillard.

En septembre 1899, il est pris d'éblouissements et de vertiges sans ictus et sans perte de connaissance. Il marche à très petits pas en traînant les jambes, il semble avoir été hémiplégique droit : il est moins fort de ce côté. Les réflexes tendineux sont exagérés aux quatre membres. Le réflexe pharyngé est aboli. Il parle péniblement sans bien articuler mais sans dysarthrie véritable. Un peu d'albumine dans les urines.

Il devient dément, gâteux et meurt en novembre 1900.

Autopsie. — Hémisphère gauche. Lacunes multiples dans les noyaux lenticulaires, la capsule externe, la couche optique et la substance blanche au voisinage du noyau caudé.

Le foie pèse 1.120 gr. Cœur : 200 gr. (il est petit). Le rein 150 gr.

Ces organes paraissent normaux. Il n'y a pas d'athérome aortique. Par contre les artères cérébrales et surtout celles de la base du cerveau sont couvertes de plaques athéromateuses blanchâtres.

OBSERVATION LXIX

Ar..., mort à 44 ans.

Il a eu la syphilis à l'âge de 22 ans avec chancre, plaques, etc. En 1898, il a eu une paralysie incomplète du bras droit survenue progressivement sans perte de connaissance et quelques jours plus tard sont survenus des troubles dysarthriques.

Il entre à Bicêtre en 1899. Il est un peu moins fort du côté droit et peut difficilement boutonner un bouton avec la main droite, mais il n'a rien dans le membre inférieur droit et il marche assez bien. Les réflexes tendineux sont très exagérés partout et des deux côtés. Il a de fréquents vertiges qui l'obligent à s'asseoir et un myosis bilatéral très accentué. Il parle bien. Plusieurs l'ont considéré comme paralytique général.

En avril 1900, il se réveille un matin avec une hémiplégie droite complète et aphasique. Son aphasie est exclusivement motrice, c'est même de l'aphonie complète : il comprend tout admirablement et peut écrire quoique très mal de la main gauche. Il s'affaiblit, devient gâteux et meurt en quelques jours avec de la respiration de Cheyne Stokes.

Autopsie. — Cerveau : dans les deux hémisphères, on voit quelques lacunes petites dans les noyaux centraux. Aucune lésion corticale ni sous-corticale.

Protubérance : dans la moitié droite à la partie supérieure, on voit en plein faisceau moteur une lacune grosse comme une lentille et une petite hémorragie de même volume.

La même lésion existe à gauche mais un peu plus en avant. Au-dessous, on trouve encore plusieurs autres lacunes moins volumineuses des deux côtés.

OBSERVATION LXX

Ber..., mort à 85 ans.

Pas de renseignements précis sur l'histoire du malade. Il aurait été hémiplégique gauche d'une façon incomplète.

Il entre à Bicêtre en 1899 et meurt deux mois après.

Autopsie. — Hémisphère droit : lacunes multiples du centre ovale du lobe frontal. Pas de lésion des noyaux centraux.

Ramollissement peu étendu de la circonvolution de l'hippocampe n'atteignant que la substance grise de la circonvolution.

Atrophie sénile des circonvolutions.

OBSERVATION LXXI

Bid..., mort à 67 ans.

En 1895, sans perte de connaissance, il est devenu peu à peu moins fort du côté gauche mais n'a jamais été complètement paralysé et n'a pas eu de troubles dysarthriques.

Il entre à Bicêtre en juillet 1900. Il marche à petits pas en traînant un peu plus la jambe droite. Il ne peut non plus boutonner un bouton avec la main droite. Il n'a pas d'autre signe appréciable d'hémiplégie. Les réflexes tendineux sont forts des deux côtés. De temps en temps, il perd ses urines et devient gâteux.

Il meurt de pneumonie le 18 octobre 1900.

Autopsie. — Corps calleux un peu aplati.

Ventricules cérébraux moyennement dilatés.

Hémisphère gauche. — Lacunes multiples de petites dimensions dans la partie externe du noyau lenticulaire, la tête du noyau caudé et la couche optique. La capsule interne est indemne.

Hémisphère droit : il y a quelques lacunes dans le noyau lenticulaire et une dans la substance blanche au-dessous de la circonvolution pariétale supérieure.

Protubérance : à gauche en plein faisceau moteur, une lacune dans la partie supérieure, elle est devenue un peu kystique. Au-dessous quelques lacunes miliaires disséminées. Cœur gros pèse

570 gr. L'aorte est souple sans athérome, les valvules sont souples et suffisantes.

Foie un peu muscade (1240 gr.) et rein congestionné. Les artères de la base du cerveau sont dures et couvertes de plaques d'athérome.

Observation LXXII

Cha.... mort à 61 ans.

En 1891, le malade a eu un ictus sans perte de connaissance. Il a été brusquement paralysé du côté droit d'une façon complète et en même temps il était aphasique. Pendant trois mois la parole a été prise complètement puis l'amélioration a commencé.

Il entre à Bicêtre en 1891. Il ne présente aucune contracture, peut plier les bras et les jambes. Les réflexes tendineux sont très exagérés.

Il meurt en 1900 de pneumonie avec pleurésie purulente.

Autopsie. — Hémisphère gauche : lacunes miliaires dans le noyau lenticulaire ; une lacune dans la couche optique est le siège d'une hémorragie ancienne. On y voit la coloration donnée par l'hématoïdine, elle a coupé la partie postérieure de la capsule interne.

Hémisphère droit : il y a une lacune dans le segment externe du noyau lenticulaire : ailleurs, les vaisseaux sont béants.

La pie-mère est épaissie, les circonvolutions un peu atrophiées.

Observation LXXIII

Cha...

Pas d'observation clinique. Était grand gâteux.

Autopsie. — Hémisphère droit : état vermoulu de la 3e frontale au-dessus du cap sur la largeur d'une pièce de deux francs. La même lésion existe sur la 1re temporale e le gyrus supramarginalis.

Hémisphère gauche. Une grosse lacune entre la partie antérieure de la capsule interne et la tête du noyau caudé, elle a le volume d'un haricot. Quelques petites lacunes se voient dans le noyau lenticulaire, la couche optique et la capsule externe.

Les ventricules sont dilatés. La pie-mère est adhérente sur la face supérieure des hémisphères.

Les vaisseaux et particulièrement l'artère basilaire sont durs, noueux et couverts de plaques d'athérome.

Observation LXXIV

Dem..., mort à 40 ans.

Il était hospitalisé à Bicêtre pour sa surdité. Il est très alcoolique. Le 24 mars 1900, après un grand excès alcoolique, il s'est couché et perdit connaissance.

Le lendemain il se réveille avec une hémiplégie incomplète du côté gauche. La paralysie atteint la face et la langue. Le facial supérieur n'est pas pris. Il peut avancer les jambes quand on le soutient. A gauche, il y a une anesthésie complète. Les réflexes rotuliens sont forts des deux côtés. Le malade ne paraît pas aphasique, mais il est complètement sourd, et on ne peut l'interroger.

Il s'affaiblit progressivement et meurt le 9 avril 1900.

Autopsie. — Hémisphère droit : hémorragie dans la couche optique du volume d'une noix.

Dilatation ventriculaire aiguë.

Il y a quelques petites lacunes dans le noyau lenticulaire.

Hémisphère gauche. Deux ou trois cicatrices de lacunes dans le noyau lenticulaire.

Observation LXXV

Fran... mort à 73 ans.

Il a eu la syphilis à 30 ans et plusieurs fois des manifestations tertiaires (ulcères, gommes).

A l'âge de 72 ans il entre à Bicêtre. En décembre 1899, le matin, il a eu un ictus sans perte de connaissance, sans paralysie et ne se ressent de rien au bout de six jours.

Le 3 janvier 1900, nouvel ictus survenu la nuit. Il a un peu de diminution de la force du côté gauche bien qu'il puisse exécuter les mouvements ordinaires. Il marche à tout petits pas quand il est cramponné aux bras de quelqu'un. Les réflexes rotuliens sont très exagérés et les réflexes plantaires manquent. Pas de troubles de sensibilité. Il a de la gêne de la déglutition, un peu de dysarthrie, le sens stéréognostique est conservé.

Il meurt de pneumonie en juillet 1900.

Autopsie. — Atrophie notable des circonvolutions de la moitié antérieure du cerveau avec épaississement de la pie-mère.

Dilatation ventriculaire modérée. Petites lacunes entre la couche optique et le noyau lenticulaire droit.

Protubérance : à la partie moyenne de la protubérance se trouve une grosse lacune du côté droit, elle s'avance en bas jusqu'à l'extrémité de la protubérance.

<h2 style="text-align:center">Observation LXXVI</h2>

Ga...

Le malade est depuis longtemps hospitalisé à Bicêtre, on n'a pas de renseignements sur ses antécédents. En septembre 1900, il a eu une perte de connaissance qui a duré quelques minutes.

Le 30 octobre, nouvel ictus avec hémiplégie droite incomplète. Il donne la main et peut se tenir debout quand on l'aide. Les réflexes sont un peu forts et le réflexe plantaire se fait en flexion à droite. La dysarthrie est très marquée. Il peut fermer l'œil gauche isolément, mais pas l'œil droit. Le réflexe contro-latéral des adducteurs est très marqué. Le sens stéréognostique est parfaitement conservé.

Au bout de quelques jours, il devient gâteux, s'affaiblit et meurt en novembre 1900.

Autopsie. — Hémisphère droit : lacunes récentes nombreuses et fines dans le noyau lenticulaire, la couche optique et le noyau caudé, elles n'atteignent pas la capsule interne. Dans la substance blanche, du lobe pariétal au voisinage du ventricule, on trouve une lacune de la grosseur d'un haricot.

Hémisphère gauche : nombreuses lacunes fines dans les noyaux centraux. Il existe aussi une petite hémorragie ancienne dans la couche optique.

Protubérance : deux lacunes dans la région motrice de chaque côté. Le cœur pèse 660, le foie 1280, le rein 145 gr. Il y a très peu de lésions athéromateuses de l'aorte.

Observation LXXVII

Gu..., mort à 64 ans.

Le malade est hospitalisé à Bicêtre depuis quelque temps. En mai 1900, il est pris brusquement d'aphasie sans hémiplégie. Cette aphasie purement motrice est complète pendant quelques jours, puis s'améliore rapidement.

Au mois d'août 1900, est pris d'hémiplégie droite et devient de nouveau complètement aphasique. L'hémiplégie est complète sans troubles sensitifs. Les réflexes ne sont pas exagérés. Il avale souvent de travers.

En quelques jours, il devient gâteux et meurt en août 1900.

Autopsie. — Hémisphère gauche : ramollissement hémorragipare assez étendu et occupant deux foyers, l'un est situé uniquement dans la substance blanche du lobe frontal, l'autre est dans le noyau lenticulaire.

Hémisphère droit : dans la région externe du lobe occipital, il existe un petit ramollissement de la grosseur d'une noix.

Protubérance : dans la partie postérieure de la zone motrice à la partie moyenne de la protubérance, il existe une petite lacune du volume d'une lentille.

Observation LXXVIII

Jam.... mort à 72 ans.

Au mois de janvier 1900, il a eu un ictus sans perte de connaissance. Il n'est même pas tombé. Il s'est assis quelques instants, puis a pu regagner son lit en s'aidant d'une canne. Il est très légèrement hémiplégique droit : il exécute presque tous les mouvements mais avec raideur, lenteur. Il ne peut boutonner seul un bouton. La force est diminuée. Les réflexes rotuliens sont égaux et pas exagérés. Le réflexe pharyngé est faible. Le sens stéréognostique est parfaitement conservé. Pas d'aphasie, ni de dysarthrie.

Il meurt en juin 1900.

Autopsie. — Hémisphère gauche : il existe une lacune de la grosseur d'un pois dans la partie moyenne de la couche optique. Une autre coupe la capsule interne dans son segment postérieur. Les vaisseaux sont béants.

Hémisphère droit : il existe une lacune miliaire dans la couche optique et une autre dans l'angle antéro-interne du noyau lenticulaire qui intéresse un peu le segment antérieur de la capsule interne.

OBSERVATION LXXIX

Ler..., mort à 70 ans.

En novembre 1898, il a eu un ictus sans perte de connaissance à la suite duquel il a été hémiplégique gauche. Il a eu en même temps quelques troubles de la parole qui ont été passagers de même que les troubles de la déglutition.

Il entre à Bicêtre en janvier 1899. Il est un peu plus faible du côté gauche que du droit. Il peut difficilement boutonner et déboutonner sa veste avec la main gauche. Il peut fermer l'œil gauche seul et non le droit. Les réflexes tendineux du genou et du poignet sont très exagérés surtout du côté gauche. Il en est de même du réflexe contro-latéral des adducteurs. Il n'y a aucun trouble sensitif. Le sens stéréognostique est parfaitement conservé.

Il meurt de broncho-pneumonie le 13 juillet 1900.

Autopsie. — Hémisphère droit : il y a une lacune dans la queue du noyau lenticulaire.

Hémisphère gauche : il existe une lacune exactement symétrique dans la queue du noyau lenticulaire et une autre dans la tête de ce même noyau atteignant la capsule externe et ne touchant que très peu la capsule interne.

Cervelet : la face inférieure présente des deux côtés un ramollissement cortical.

OBSERVATION LXXX

Lhu...

En 1882, le malade aurait été hémiplégique gauche, puis en 1895, hémiplégique droit. On l'examine à Bicêtre en 1898. Il traîne

un peu les 2 jambes surtout la droite. La parole est embrouillée
et un peu spasmodique. Les réflexes rotuliens sont très exagérés
et les réflexes du poignet aussi surtout à droite. Le réflexe pharyngé est aboli. Bien que l'hémiplégie soit double, le malade ne
paraît pas pseudo-bulbaire.

Le 16 octobre 1900, il a eu un ictus, tombe dans le coma. Il est
dans une rigidité spasmodique absolue. La ponction lombaire
donne issue à 25 cm. de liquide très fortement teinté en rouge,
mais n'amène aucun résultat.

Il meurt en 24 heures.

Autopsie. — La pie-mère cérébrale présente par places de petites
suffusions sanguines.

Hémisphère gauche : il existe une longue lacune partie de la région antérieure du noyau lenticulaire. Elle s'étend comme une ligne
et coupe le segment antérieur de la capsule interne.

Hémisphère droit : énorme hémorragie terminale qui a inondé le
ventricule et s'est produite sous un ancien foyer de ramollissement
cortical. Dans le noyau lenticulaire se trouve un kyste d'ancienne
hémorragie.

Le pédoncule cérébral gauche est très atrophié.

OBSERVATION LXXXI

Mad..., mort à 75 ans.

En 1895, il a eu son premier ictus sans perte de connaissance. Il
était à ce moment très incomplètement hémiplégique droit, sans
aucun trouble de la parole. En 1897, il a eu un deuxième ictus sans
perte de connaissance également et frappant le même côté.

Enfin, en 1899, causant avec des amis, il tombe sans perdre connaissance mais ne peut plus marcher et parle difficilement. L'hémiplégie droite est presque complète sans contracture : la face
n'est pas prise. Les réflexes rotuliens sont très forts des deux côtés.
Les réflexes contro latéraux des adducteurs existent également. Il
ne peut fermer isolément les yeux. Le sens stéréognostique est
assez bien conservé. Par moments, il a un peu de dysarthrie.

Il meurt le 19 juillet 1900.

Autopsie. — Hémisphère droit : les circonvolutions sont un peu atrophiées et les plexus choroïdes sont kystiques. On voit plusieurs lacunes miliaires dans le segment externe du noyau lenticulaire, dans la capsule externe et dans la couche optique.

Hémisphère gauche : on trouve dans la substance blanche qui appartient au lobe frontal deux ou trois lacunes assez volumineuses et remplies d'un magma grisâtre.

Protubérance : plusieurs lacunes dans le faisceau moteur à droite.

OBSERVATION LXXXII

Man..., mort à 60 ans.

Le malade était atteint de paralysie agitante depuis trois ans, depuis quelques mois seulement il était devenu gâteux, quand il est mort de broncho-pneumonie en septembre 1900.

Autopsie. — Il existe deux petites lacunes dans la tête du noyau lenticulaire.

OBSERVATION LXXXIII

No..., mort à 58 ans.

Le malade était syphilitique depuis l'âge de 20 ans et très alcoolique. En 1888, il eut deux ictus consécutifs avec perte de connaissance. Il fut alors hémiplégique droit mais incomplètement: la jambe n'était par paralysée, le bras seul était pris et il resta trois mois aphasique.

Depuis ce temps, il a fréquemment des vertiges suivis d'impotence fonctionnelle relative dans un membre ou dans un autre.

Cette paralysie incomplète dure quelques jours, puis disparait. Examiné en 1899, il ne parait plus hémiplégique. Le réflexe rotulien droit seul est exagéré. Le sens stéréognostique est conservé.

Il meurt subitement en septembre 1900.

Autopsie. Les méninges sont épaissies, les circonvolutions atrophiées, la dilatation ventriculaire est assez marquée. Les vaisseaux sont saillants et béants à la coupe dans les noyaux gris.

Dans l'hémisphère droit, le segment postérieur de la capsule interne est coupé par une lésion linéaire de formation récente.

Dans l'hémisphère gauche existe un petit ramollissement ancien et cortical au niveau du gyrus supramarginalis.

Dans la protubérance existe une petite lacune dans le faisceau moteur à l'union du tiers moyen et du tiers inférieur.

Observation LXXXIV

Petes.... mort à 74 ans.

En 1841, il a eu un ictus sans perte de connaissance mais il a été aphasique pendant quelques semaines.

Il entre à Bicêtre en 1897. Il n'a pas de paralysie appréciable, ni de contracture. Il traîne un peu la jambe droite. Les réflexes rotuliens sont un peu exagérés. De temps en temps, il lui arrive de perdre ses urines.

Il meurt en 1900.

Autopsie. — Dans les deux hémisphères, on trouve des lacunes multiples et miliaires dans les noyaux centraux.

On n'en trouve pas dans la protubérance.

Observation LXXXV

Poul..., mort à 59 ans.

Le malade avait de fréquentes attaques de goutte aiguë. Il avait contracté la syphilis en 1879.

Il entre à Bicêtre en 1893. En septembre 1900, après quelques jours de vertiges et de céphalées, il se réveille hémiplégique gauche. Il a une impotence absolue du bras et peut à peine remuer la jambe. Il existe une légère dysarthrie et des troubles de la déglutition. Le réflexe pharyngé est perdu. Les réflexes rotuliens ne sont pas exagérés. Le sens stéréognostique est conservé.

Il meurt quelques jours après en 1900.

Autopsie. — On ne trouve rien d'autre qu'une lésion protubérantielle consistant en une petite lacune dans la moitié droite de la protubérance.

Observation LXXXVI

Tiss..., mort à 80 ans.

En 1897, le malade a un ictus avec très légère perte de connaissance. Il est hémiplégique droit par la suite mais incomplètement. Les réflexes rotuliens sont exagérés surtout le droit. Il y a quelques troubles de la parole mais peu marqués. Emotivité exagérée, tendance à pleurer. La paralysie s'améliore en quelques mois.

Il meurt en octobre 1900.

Autopsie. — Hémisphère droit : les vaisseaux sont saillants à la coupe. Il y a une petite lacune dans la partie tout à fait supérieure du noyau lenticulaire. Sur une coupe faite plus bas que la coupe de Flechsig, mais parallèle, on voit une hémorragie miliaire dans le noyau lenticulaire.

Hémisphère gauche : état criblé de la substance blanche de l'insula, les vaisseaux de la scissure sylvienne sont complètement sclérosés. Quelques lacunes de grosseur variable dans la couche optique et le noyau lenticulaire.

Protubérance : une lacune à droite et deux à gauche dans le faisceau moteur ; à gauche également à la partie inférieure, existe une lacune volumineuse.

Le cœur pèse 420 gr., le foie 1.050 gr., le rein, petit, contracté, sans être très congestionné pèse 120 gr. Les gros vaisseaux ne paraissent pas altérés macroscopiquement tandis que les artères cérébrales sont très athéromateuses.

Observation LXXXVII

Tor..., mort à 73 ans.

Pas de renseignements sur l'état antérieur du malade. Il entre à Bicêtre en août 1898, il n'est atteint d'aucune affection et on le considère comme sénile.

Le 29 septembre 1899, il a un ictus avec perte de connaissance. Il a une hémiplégie droite incomplète atteignant aussi un peu la face.

Les réflexes sont très exagérés aux quatre membres.

Le réflexe pharyngé et le sens stéréognostique sont conservés.

Il y a quelques troubles du langage sans aphasie motrice, mais plutôt un léger degré d'aphasie sensorielle.

Il meurt, grand gâteux, au mois de mai 1900.

Autopsie. — Hémisphère gauche : il existe une lacune miliaire dans le segment externe du noyau lenticulaire.

Hémisphère droit : même lésion mais très petite également.

Protubérance : dans la moitié supérieure existe une très grosse cavité du volume d'un gros haricot qui occupe la partie antérieure et interne de la moitié gauche. C'est une véritable cavité dirigée surtout dans le sens vertical.

OBSERVATION LXXXVIII

Yec.... mort à 75 ans.

En janvier 1891, il a été paralysé pendant son sommeil, il s'est réveillé hémiplégique gauche. Il est resté couché 15 jours. Puis la mobilité est revenue peu à peu. Il a eu en même temps quelques troubles dysarthriques.

Il est entré à Bicêtre en 1900.

Il ne présente pas d'hémiplégie appréciable : la jambe gauche est un peu raide et quand il marche frotte contre le sol sans circumduction. Le réflexe rotulien est un peu plus fort à gauche.

Il meurt de broncho-pneumonie en juin 1900.

Autopsie. Hémisphère droit : dans la couche optique, il existe une lacune du volume d'un haricot qui atteint la partie moyenne du segment postérieur de la capsule interne.

Hémisphère gauche : lacunes miliaires dans la couche optique et le noyau lenticulaire n'atteignant pas la capsule interne.

Les vaisseaux sont très saillants.

Protubérance : Dans le faisceau moteur à droite, près de la ligne médiane, se trouve une lacune.

Les quelques observations cliniques qui suivent se rapportent à des malades que nous avons surtout examinés au point de vue des causes qui peuvent entraîner la production des lacunes. Nous n'avons du reste rien pu déterminer de bien précis à ce sujet.

Ces malades étaient encore vivants quand nous avons quitté Bicêtre. Aussi n'avons-nous pas le résultat anatomique.

Observation LXXXIX

Pij..., 71 ans. Teinturier. (Janvier 1901).

A première vue, le malade ne paraît pas paralysé. Cependant il déboutonne difficilement son vêtement. La jambe droite semble prise davantage; il la traîne en marchant. Il marche à très petits pas. Il ne se souvient de rien. Sa mémoire est très affaiblie. La parole est un peu hésitante. Les réflexes rotuliens sont très exagérés; celui du poignet droit l'est aussi.

Pas d'hémianesthésie. Pas de déviation de la face ni de la langue. Le réflexe pharyngé est perdu. Le sens stéréognostique conservé. Le malade n'a jamais eu la syphilis. il n'a jamais eu ni rhumatisme, ni ictère.

Son cœur laisse entendre un deuxième bruit clangoreux.

Il a beaucoup d'albumine.

Observation XC

Po... Alexandre, 70 ans. Ajusteur. Ce malade est à Bicêtre dans une salle de gâteux.

Le 16 janvier 1901, on l'amène à l'Infirmerie dans le coma complet, cependant ses réflexes sont exagérés. Au bout de quelques jours, il se réveille un peu. comprend ce qu'on lui dit mais pleure constamment.

20 janvier 1901. — Il est atteint d'une hémiplégie droite incomplète permettant quelques mouvements sans force du bras droit.

Les réflexes du poignet sont très exagérés. Le sens stéréognostique est aboli : mais le malade est encore très déprimé et il est difficile de se faire comprendre de lui.

L'amélioration s'accentue les jours suivants et le malade exécute quelques mouvements spontanés du bras droit. Au cœur, il y a un bruit de galop. Beaucoup d'albumine dans l'urine.

Le malade a des antécédents saturnins avérés : à plusieurs reprises il a eu des coliques de plomb.

OBSERVATION XCI

Lac..., 66 ans. Cartonnier.

En 1894, le malade a eu un ictus sans perte de connaissance. Il a été à ce moment hémiplégique gauche : il a eu un peu de dysarthrie.

Il entre à Bicêtre en 1897. Il est un peu affaibli, marche lourdement, sans contracture. Il peut boutonner ses boutons. Les réflexes rotuliens sont forts, surtout à gauche. Le réflexe pharyngé est aboli. Le sens stéréognostique est conservé.

En février 1900, nouvel ictus survenu pendant le sommeil et frappant le membre supérieur droit et la parole. Il ne reste aphasique que pendant 24 heures, puis recommence à causer de façon intelligible. Le bras droit est complètement paralysé. Les réflexes sont exagérés. Le sens stéréognostique est conservé. L'amélioration survient petit à petit.

Actuellement (janvier 1901) le malade marche à très petits pas en traînant un peu la jambe droite. Il présente peu de signes d'hémiplégie sauf l'exagération des réflexes ; son état psychique est bon.

Le cœur est normal, les artères souples, il n'a pas d'albumine.

Jamais ce malade n'a eu ni rhumatisme, ni ictère, il a de l'eczéma sec des avant-bras. Il n'a jamais eu la syphilis.

OBSERVATION XCII

Dee...

Ce malade est un peu dément et très difficile à interroger :

Il est un peu moins fort à droite qu'à gauche : la langue est un peu déviée à gauche. Il n'a jamais été paralysé à proprement parler.

Il marche à petits pas d'une façon typique. Les réflexes sont très exagérés aux poignets et aux genoux. La sensibilité est normale.

Le cœur est normal et les artères souples. Il n'y a pas trace d'albumine dans les urines.

Observation XCIII

Gon..., 60 ans, pelletier.

Il n'a jamais été malade pendant sa jeunesse. Depuis 4 ou 5 ans, il a eu à différentes reprises des ictus sans perte de connaissance avec paralysies très peu marquées et très passagères. Mais il s'est affaibli peu à peu et entre à Bicêtre en octobre 1900.

Actuellement (janvier 1901) il ne peut se tenir debout, s'effondre quand on le met par terre. Il ne quitte pas son lit, il est un peu gâteux. Il n'a cependant aucune paralysie appréciable et se sert de ses bras. Les réflexes sont normaux. Le sens stéréognostique est conservé. Le cœur est normal. Les urines ne contiennent pas d'albumine.

Observation XCIV

Chan.... 72 ans, menuisier.

Le malade n'a jamais eu aucune affection dans sa jeunesse. Il a eu 4 enfants. Jamais eu de syphilis.

En 1898, étant assis, n'a pu se relever parce que son côté droit était paralysé ; en même temps sa parole s'est embarrassée. Le soir même, il a pu marcher en se faisant soutenir et le lendemain il marchait seul. Pendant trois jours, il a parlé difficilement.

Actuellement (janvier 1901) le malade parle bien mais en se mordant quelquefois la langue. La paralysie a peu à peu diminué. il marche à petits pas d'une façon caractéristique sans circumduction. Les réflexes rotuliens sont exagérés des deux côtés mais surtout à droite. Le réflexe contro-latéral des adducteurs existe à droite. La face et la langue sont un peu déviées à droite.

Le sens stéréognostique est conservé.

Rétraction de l'aponévrose palmaire des deux côtés.

Le cœur est normal, les artères assez souples. Le malade urine bien et ses urines ne contiennent pas d'albumine.

Observation XCV

Car.... 71 ans, cordonnier.

Le malade n'a aucun antécédent arthritique. Il n'a jamais eu d'ictère ni de rhumatisme. Jamais de syphilis.

En 1893, à la suite d'un étourdissement, il est tombé dans son escalier ; Il n'a presque pas perdu connaissance, mais son bras droit a été légèrement paralysé pendant quelques jours. Il n'a eu aucun trouble de la parole.

Il entre à Bicêtre en mai 1900.

Actuellement (janvier 1901), il n'a pas d'hémiplégie appréciable au membre supérieur. Il peut boutonner et déboutonner ses boutons avec les deux mains. Il marche à petits pas d'une façon caractéristique un peu penché en avant. Le réflexe rotulien est faible à droite et manque à gauche.

Le cœur est normal, les artères souples.

Il n'y a pas la moindre trace d'albumine dans les urines.

Observation XCVI

Car.... 72 ans. Tourneur sur cuivre.

En janvier 1898, ictus sans perte de connaissance. Etant debout, a été subitement paralysé du côté droit, a pu rentrer chez lui en se faisant soutenir, n'a eu aucun trouble de la parole. Deux jours plus tard il marchait seul et sans canne.

En novembre 1899, s'est aperçu brusquement qu'il ne pouvait plus remuer sa jambe gauche. Il est resté environ un mois sans pouvoir marcher.

Il entre à Bicêtre en juin 1900.

Actuellement (janvier 1901) il marche à très petits pas et ne peut guère avancer sans soutien. Les deux bras sont assez libres de leurs mouvements. Réflexes rotuliens très exagérés des deux côtés, le réflexe du poignet est assez marqué aussi. Perte du réflexe pharyngé. Pas de dysphagie ni de dysarthrie.

Le cœur est normal et les artères sont souples. Les urines ne renferment pas la moindre trace d'albumine. Le malade n'a jamais eu d'ictère ni de rhumatisme. Aucun phénomène arthritique. Il nie toute syphilis.

Observation XCVII

Aus.... 61 ans. Corroyeur.

En 1894, le malade a eu un étourdissement à la suite duquel il est tombé dans son escalier. La perte de connaissance aurait duré 24 heures.

En 1895, il s'est réveillé un matin paralysé du côté droit.

L'hémiplégie n'était pas complète et n'a empêché la marche que pendant quelques jours. En même temps, le malade avait quelques troubles de la parole : il ne trouvait pas ses mots mais il n'a pas eu d'aphasie vraie.

Il entre à Bicêtre en 1899.

Actuellement janvier 1901) le malade marche à petits pas, il n'a pas trace de paralysie et parle bien. Les réflexes sont forts.

Il n'a jamais eu d'ictère ni d'eczéma ni de rhumatisme, ni aucune manifestation dite arthritique. Le cœur est normal et peu volumineux, pouls 88. Les artères sont souples. On trouve cependant dans ses urines une certaine quantité d'albumine.

X

CONCLUSIONS

I. Les lacunes de désintégration cérébrale siègent de préférence dans les noyaux gris du cerveau et intéressent
parfois la capsule interne : on en rencontre exceptionnellement dans le centre ovale. Elles sont encore assez fréquentes
dans la protubérance. Jamais elles n'atteignent le bulbe ni
la moelle.

II. C'est la coupe dite de Flechsig qui permet de les
observer le mieux.

Le premier degré de l'altération lacunaire est réalisé par
une simple raréfaction du tissu nerveux autour d'une artériole déjà malade.

Au deuxième degré, elles constituent des cavités petites,
irrégulières, dont la dimension ne dépasse pas celle d'un
pois et contenant un vaisseau central, souvent visible à l'œil
nu. Les parois de ce vaisseau présentent les lésions banales
de l'artério-sclérose ; sa gaine lymphatique est décollée et
remplie de leucocytes.

Les parois de la lacune formées par le tissu cérébral en
voie de désintégration présentent les lésions classiques et
combinées de la nécrose et de l'encéphalite chronique ; les
corps granuleux y sont très abondants, quant à la cavité,
elle est remplie plus ou moins complètement par des élé-

ments nerveux en voie de destruction et par des éléments sanguins ; à côté des leucocytes chargés de myéline on voit toujours une très forte proportion d'hématies et de pigment sanguin.

Le troisième degré de la lacune est réalisé par une cicatrice de sclérose comblant ou cloisonnant la cavité.

III. Cette lésion ne se présente pas chez l'adulte et n'atteint guère le vieillard avant l'âge de soixante ans. Passé cet âge, elle est la cause de 90 pour 100 des hémiplégies.

IV. Cliniquement, la lacune se révèle par un ictus brusque mais léger sans perte de connaissance, auquel succède une hémiplégie partielle et incomplète. Celle-ci s'améliore plus ou moins rapidement ne laissant souvent comme trace de son passage que le signe connu sous le nom de « Marche à petits pas ».

Il n'apparait jamais de contracture dans la suite.

La mort survient longtemps après soit par suite d'une affection intercurrente comme la pneumonie, soit à la suite de nouveaux ictus et de gâtisme, soit enfin par hémorragie cérébrale : le vaisseau qui traverse la lacune est en effet complètement dénudé dans cette cavité et constitue un lieu de moindre résistance, aussi est-ce souvent sa rupture dans la cavité lacunaire qui amène la grosse hémorragie cérébrale foudroyante.

V. Il y a donc un intérêt considérable à faire le diagnostic d'hémiplégie par lacune puisqu'elle est compatible avec une survie assez longue et susceptible même d'amélioration sensible à l'inverse de ce qui a lieu pour l'hémiplégie à gros foyer de ramollissement ou d'hémorragie qui entraîne chez le vieillard la mort en quelques jours ou détermine chez l'adulte une contracture permanente.

VI. La lacune de désintégration cérébrale est sous la dépendance des lésions artérielles du cerveau. La sclérose des petites artères entraine secondairement une encéphalite chronique qui guérit elle-même par sclérose. Le liquide céphalo-rachidien joue peut-être un rôle irritatif dans ce processus.

On pourrait donc ranger cette lésion parmi les encéphalites chroniques et faire à côté des scléroses infantiles une place à l'encéphalite chronique sclérosique du vieillard.

TABLE

IMPRIMERIE F. DEVERDUN, BUZANÇAIS (INDRE).

9 782019 717421